Sascha Langner

Viral Marketing

Sascha Langner

Viral Marketing

Wie Sie Mundpropaganda gezielt
auslösen und Gewinn bringend nutzen

HAMBURG
MEDIA
SCHOOL

Hamburg Media School
Bibliothek
Finkenau 35
D-22081 Hamburg
Telefon +49 (0) 40 - 413 468 37
Telefax +49 (0) 40 - 413 468 10
www.hamburgmediaschool.com

GABLER

Bibliografische Information Der Deutschen Bibliothek
Die Deutsche Bibliothek verzeichnet diese Publikation in der Deutschen
Nationalbibliografie; detaillierte bibliografische Daten sind im Internet über
<http://dnb.ddb.de> abrufbar.

Dieser Ausgabe liegt ein Post-it® Beileger der Firma
3M Deutschland GmbH bei.
Wir bitten unsere Leserinnen und Leser um Beachtung.

1. Auflage 2005

Alle Rechte vorbehalten
© Betriebswirtschaftlicher Verlag Dr. Th. Gabler/GWV Fachverlage GmbH, Wiesbaden 2005

Lektorat: Barbara Möller

Der Gabler Verlag ist ein Unternehmen von Springer Science+Business Media.
www.gabler.de

Umschlaggestaltung: Nina Faber de.sign, Wiesbaden
Druck und buchbinderische Verarbeitung: Wilhelm & Adam, Heusenstamm
Gedruckt auf säurefreiem und chlorfrei gebleichtem Papier
Printed in Germany

ISBN 3-409-14270-3

Wie Sie von diesem Buch am besten profitieren

Der Mensch ist ein Kommunikationstier. Wie Affen einander kraulen, brauchen wir unsere tägliche Dosis an verbalen Streicheleinheiten: Klatsch und Tratsch, Gerüchte oder lustige Geschichten – sie alle beeinflussen unser tägliches Leben nachhaltig. Es ist also kein Wunder, dass in der vom Kapitalismus geprägten Welt neben den neuesten Promigerüchten auch immer mehr Geschichten über Produkte und Dienstleistungen ihren Weg in die Unterhaltungen und Diskussionen der Konsumenten finden. Was viele Menschen jedoch nicht wissen, ist, dass ihre unternehmensbezogenen Gespräche zum Teil von außen beeinflusst und gesteuert werden können. Denn Mundpropaganda lässt sich gezielt auslösen.

Sie fragen sich wie? Dann haben Sie das richtige Buch gewählt. Dieses Werk ist eine systematische Zusammenstellung von Wissen zum gezielten Auslösen von Mund-zu-Mund-Propaganda. Es richtet sich an alle Marketing-Interessierten und -Verantwortlichen, die sich das menschliche Grundbedürnis nach Kommunikation Gewinn bringend erschließen wollen. Neben den Grundlagen, den Kernelementen und den Planungsprinzipien des Viral Marketing finden Sie in diesem Buch jede Menge nützlicher Ideen und vor allem praktische Tipps, Tricks sowie ausführliche Fallstudien zur Anregung Ihrer eigenen Kreativität.

Wichtige Lesetipps

- Jedes Kapitel ist in sich abgeschlossen und behandelt jeweils ein spezielles Themengebiet des Viral Marketing. Sie können alle Kapitel der Reihe nach lesen oder in einer von Ihnen festgelegten Abfolge. Haben Sie einen aktuellen Problemfall bzw. Wissensbedarf, so können Sie sich auch einfach eine passende Fallstudie heraussuchen, und Ihre Kampagne analog dazu entwickeln. Auch das ist möglich.
- Im Mittelpunkt jedes Kapitels steht die Praxis. Neben Planung, Umsetzung und Kontrolle einer viralen Kampagne erfahren Sie vor allem, auf welche Art und Weise Sie Ihre infizierenden Ideen kosteneffizient in die Praxis umsetzen.

■ Machen Sie die vorgestellten Ideen zu Ihren eigenen. Analysieren Sie jede Strategie und Taktik und passen Sie diese Ihren Bedürfnissen an. Verbessern Sie sie. Kopieren Sie nicht einfach den Ansatz eines anderen.

■ Sehen Sie Viral Marketing als Investment. Zwar sind viele der vorgestellten Strategien und Taktiken sehr kosteneffizient, dennoch ist die Haltung entscheidend. Rechnen Sie sich bei der Lektüre einzelner Kapitel und Fallstudien aus, was Sie langfristig damit erreichen wollen und was es Sie kosten wird. Eine Idee ist nur gut, wenn Sie mehr herausbekommen, als Sie reinstecken.

■ Nicht jede virale Taktik ist für jedes Unternehmen gleichermaßen geeignet. Wählen Sie die Methoden und Vorgehensweisen, die für die jeweilige Ausgangsposition den größten Erfolg versprechen. Es ist illusorisch und ineffizient, jede einzelne der vorgestellten Taktiken auf jedes Ihrer Projekte anzuwenden.

■ Wissen ist Macht. Wenn Sie die erste virale Kampagne in die Praxis umgesetzt haben, dann nehmen Sie sich das Buch noch einmal vor. Lesen Sie die zugehörigen Grundlagenkapitel und Fallstudien auf jeden Fall mehr als einmal. Sie werden jedes Mal wieder einen interessanten Gedanken bekommen, der Ihr Viral Marketing verbessern wird.

■ Widmen Sie Ihre Aufmerksamkeit auch anderen Büchern zum Viral Marketing, vor allem „The Tipping Point: How Little Things Can Make a Big Difference" von Malcolm Galdwell, „The Anatomy of Buzz" von Emanuel Rosen und „Proven Tactics in Viral Marketing: Online Games, Quizzes, eCards, Contests and Buzz Building" von MarketingSherpa.

■ Testen Sie. Gehen Sie nicht davon aus, dass alles so funktioniert, wie Sie es sich vorstellen. Machen Sie immer ein paar Testreihen, bevor Sie etwas Neues ausprobieren – selbst wenn Sie Ihre Ideen nur ein paar Freunden und Bekannten vorstellen.

Website zum Buch

Dieses Buch hat einen eigenen Online-Auftritt: www.viral-marketing-buch.de.

Dort finden Sie zu den vorgestellten Strategien, Taktiken und viralen Fallbeispielen:

■ weiterführende Online-Quellen und Literatur-Tipps,

■ ausgewählte Viral Spots, Online-Games, eCards, etc.

■ Virales Promotion Material wie E-Mail-Anschreiben, Screenshots von Online-Präsentationen, u.a.

■ sowie das ein oder andere Extra.

Wie das Buch aufgebaut ist

Da das Buch nicht linear gelesen werden muss, soll Ihnen die nachfolgende Übersicht des Buchaufbaus helfen, gezielt die Kapitel auszuwählen, die Sie im Moment am ehesten interessieren.

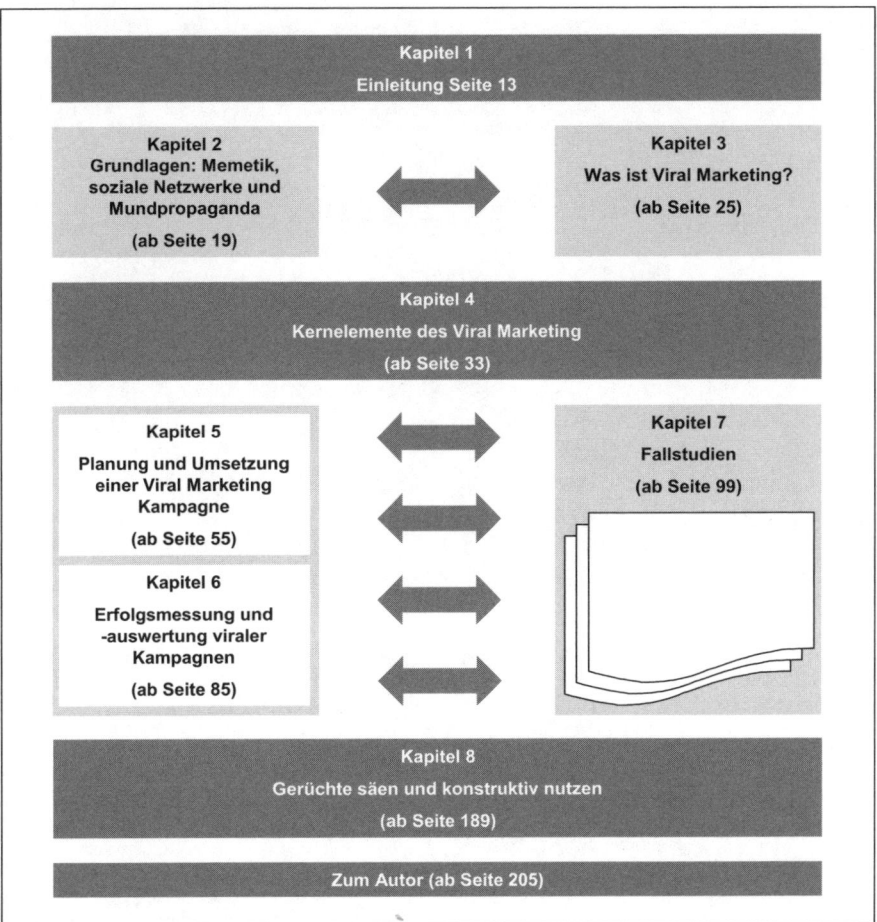

Abbildung 1: Der Buchaufbau

Inhaltsverzeichnis

1. Einleitung

In diesem Kapitel erhalten Sie Antworten auf folgende Fragen:

- Warum wird klassische Werbung immer ineffizienter?
- Wie ist es möglich, dass sich wenig umworbene Produkte als absolute Kassenschlager entpuppen?
- Sind Riesenerfolge im Markt tatsächlich mit wenig Geld und Werbeaufwand möglich?
- Was tun, ohne über grenzenlose Marketingbudgets zu verfügen?
- Nach welchen Kriterien entscheiden sich Konsumenten, welches Auto sie kaufen, welche Mode sie tragen, welchen Kinofilm sie sich anschauen?
- Regeln Angebot und Nachfrage den Preis? Existieren Muster oder Stellhebel im Markt, die man für sich nutzen kann?
- Was macht wirklich erfolgreich? Wie sieht intelligentes, effizientes Marketing heute aus?

Werbung ist überall. Sie ist allgegenwärtig. Wer heute den Fernseher einschaltet, das Radio anstellt oder ein Magazin aufschlägt, begegnet ihr hundertfach. Die Werbedichte ist so gewaltig, dass jeder Konsument pro Tag mit 2 500 bis 5 000 Werbebotschaften konfrontiert wird. In Minuten und Stunden übertragen, beschäftigen wir uns mittlerweile bewusst und unbewusst circa zwölf Stunden pro Woche mit Werbung. Rechnet man den täglichen Schlaf von acht Stunden heraus, dann verbringen wir fast jede neunte Minute unseres Lebens in Kontakt mit Plakaten, Anzeigen oder Fernsehspots.

Die ungeheure Werbedichte nährt eine riesige Industrie. Allein in Deutschland finanzieren sich über 970 unterschiedliche Publikumszeitschriften, 1 075 Fachzeitschriften und 355 regionale und überregionale Tageszeitungen fast ausschließlich über Werbung. Dazu kommen knapp 1 300 Anzeigenblätter, einige Tausend reine Online-Publikationen sowie 42 private Fernsehsender. Zählt man noch die 187 nicht-staatlichen Radiosender hinzu, erhält man einen groben Eindruck davon, wie viel allein in Deutschland in Werbung investiert wird.

Klassische Werbung wird immer ineffizienter

Schon lange ist kein Konsument mehr in der Lage dazu, so viel Werbung aufzunehmen, wie ihm vorgesetzt wird. Viele Menschen schalten ab: Sie ignorieren Rundfunkspots, überblättern großformatige Zeitungsanzeigen oder gehen in der Werbepause einfach in die Küche oder ins Bad.

Wer heute Werbemaßnahmen konzipiert, muss sich über eins im Klaren sein: Konsumenten mögen Werbung nicht. Sie stört, sie unterbricht und sie lenkt ab. Von den meisten Konsumenten wird sie bestenfalls als notwendiges Übel geduldet. Sieht etwas nach Werbung aus, bauen die Nutzer umgehend einen „Abwehrschild" auf und blenden die Werbung, wo immer es geht, unbewusst aus.

Folgt man mit seinen Werbebemühungen für Menschen bekannten Stereotypen, so ist es ein Leichtes für sie, diese Werbung zu übersehen und zu ignorieren. Anzeigen werden beispielsweise in fast allen Magazinen an der gleichen Stelle platziert, haben in der Regel immer die gleichen Maße und heben sich vom restlichen Inhalt der jeweiligen Publikation merklich ab. Ähnlich verhält es sich mit Fernsehspots und anderen Werbeformaten. Dies hat natürlich zum einen den Grund, dass Werbung gesetzlich als solche gekennzeichnet werden muss, zum anderen mangelt es aber auch an Kreativität der Verantwortlichen.

Bislang galt es als eine Art ungeschriebenes Gesetz im klassischen Kommunikationsmix: „Viel hilft viel!" Nur mit viel Geld erreicht man auf Seiten des Konsumenten ausreichend Aufmerksamkeit und weckt das Kaufbedürfnis zuverlässig. Längst aber bieten diese Devise und damit einhergehende große Marketingbudgets keine Erfolgsgarantie mehr – man denke nur an das populäre Beispiel des Stromkonzerns e-on und deren „Mix it, Baby"-Spot mit Arnold Schwarzenegger: Nicht einmal tausend Konsumenten entschieden sich für das innerhalb einer 90 Millionen Euro teuren Kampagne umworbene Stromprodukt „MixPower". Kommunikation als gigantische Geldvernichtungsmaschinerie, die allerdings in vielen Konzernen bereits Tradition hat. Experten schätzen, dass die Kosten, die Aufmerksamkeit des Kunden zu wecken, mittlerweile bei mehr als 75 Prozent der Kampagnen in keinem ausgewogenen Verhältnis mehr zum Nutzen der Werbemaßnahmen stehen. 22 der in Deutschland jährlich für Werbung ausgegeben 29 Milliarden Euro versickern unbemerkt.

Wie sieht also die Realität aus, fernab von gängigen Versprechungen wie: „Unser Medium ist am Puls Ihrer Zielgruppe!" „Mit uns erreichen Sie Ihre Kunden zuverlässig!" oder „Hohe Reichweite, keine Streuverluste – nur mit uns!"? Wie läuft Marketing, besser gesagt Werbung heutzutage wirklich ab?

Auch wenn Werbeagenturen nur zu gerne und nimmermüde versprechen, die Botschaft über neue Produkte und die damit verbundene unbedingte Kaufnotwendigkeit an aufmerksame und interessierte Verbraucher zu tragen, spielen diese einfach nicht mit. Der kostenintensiv umworbene potenzielle Konsument schaltet in der Werbepause einfach um oder ab.

Auf diese Weise verrinnen die Werbemilliarden in den unendlichen Weiten des Medien-Universums. „Aber nein!", werden einige von Ihnen jetzt vehement widersprechen: „Es gibt doch sooo viele Spots, die die Leute richtig toll finden, über die alle sprechen, die man im Internet runterlädt, um sie an Freunde weiter zu verschicken." Allerdings: Selbst wenn – bzw. besser besagt – falls sich die Menschen über den originellen Gag hinaus auch tatsächlich an die umworbene Marke bzw. das betreffende Produkt erinnern sollten, schlägt sich das zumeist zwar im Bereich der Sympathiewerte nieder – zum Kauf führt ein kreativer Werbegag nicht unbedingt.

Selbst der bereitwilligste Verbraucher wird nicht aufgeregt von seinem Fernseh-sessel aufspringen und in einem Sturm der Begeisterung zum nächsten Vertrags-händler sprinten, um die gerade so hinreißend umworbene Luxuslimousine glückselig zu erwerben. Und wenn dann irgendwann wirklich neben Interesse und Sympathie auch tatsächlich ein wirkliches Kaufbegehren erwacht, passiert etwas Eigenartiges: Der potenzielle Käufer vertraut nicht etwa auf die Empfeh-lung der Werbung, den so liebevoll gestalteten und durchdachten Verkaufsargu-menten. Nein, die sind ihm zu kommerziell, zu austauschbar, zu komplex, zu inszeniert. Vielleicht bekommt man als Unternehmer sein Geld, sein Vertrauen schenkt er meist anderen: Er zieht seinen Freundes- und Bekanntenkreis zu Rate.

Effektivität von Mund-zu-Mund-Propaganda

Mund-zu-Mund-Propaganda ist vergleichbar mit einer Epidemie. Einmal in Gang gesetzt, steigt die Verbreitung exponenziell: Wenn 5 Personen ein Pro-dukt an 5 Freunde empfehlen und diese jeweils wieder an 5, dann wurden bereits 125 potenzielle Kunden erreicht. Verfolgt man diesen Pfad konse-quent weiter, dann sind es eine Stufe weiter schon 625, dann 3 125, dann 15 625 und so weiter.

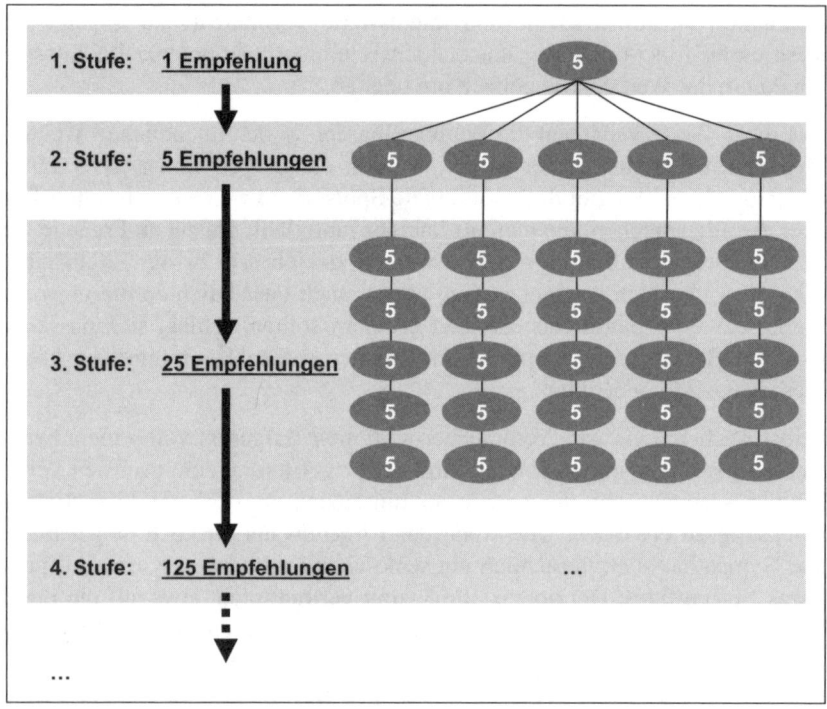

Abbildung 2: Effektivität von Mund-zu-Mund-Propaganda

Das Schöne daran: Nicht das Unternehmen kümmert sich um die Verbreitung der Botschaft, sondern die Konsumenten selbst. Dies ist hocheffizient: Denn alle erreichten Menschen haben durch die Empfehlung einer ihnen vertrauten Person von dem Produkt gehört. Sie betrachten die Botschaft nicht als überflüssig, sondern als eine wichtige Information, die ihnen ein Freund mitgeteilt hat.

Mund-zu-Mund-Propaganda, die wahrscheinlich älteste, und vielleicht auch effektivste Form des Marketing, ist der stärkste Hebel der Kaufentscheidung, egal, ob es sich um Kinofilme, Spiele, Reiseziele, Elektrotechnik oder Autos handelt. Und nicht nur das: Selbst die Steigerung der Markenbekanntheit wird mit herkömmlicher Werbung immer häufiger zur kostenintensiven Luftnummer. Konsumenten sind gegenüber klassischen Werbebotschaften mittlerweile so kritisch eingestellt, dass ihr persönlicher Abwehrschild nur selten eine Lücke für neue Produkte und Dienstleistungen lässt. In fast allen Konsumsituationen vertrauen die Konsumenten lieber Empfehlungen, Tipps und Ratschlägen von Personen, die nicht auf der Gehaltsliste der jeweiligen Unternehmen stehen.

Die Frage ist jedoch: Kann Mund-zu-Mund-Propaganda gezielt ausgelöst und zur Vermarktung von Produkten und Dienstleistungen eingesetzt werden? Lassen sich Verkaufsargumente und Produktinformationen im fruchtbaren Boden der sozialen Netzwerke „einpflanzen", von wo aus sie sich praktisch wie von allein vermehren? Die Antwort ist ein klares „Ja". Es bedarf jedoch erheblicher Planung und Kreativität sowie eines grundlegenden Verständnisses der Kommunikation in sozialen Netzwerken.

Zusammenfassung

- Die Reizüberflutung der Konsumenten hat ein prominentes Opfer gefunden. Klassische Werbung wird zunehmend ineffizienter. 22 der jährlich für Werbung in Deutschland ausgegebenen 29 Milliarden Euro versickern nach Expertenschätzungen unbemerkt.

- Der Grundsatz der Werbewirtschaft „Viel hilft viel" – viel Werbung in hoher Frequenz schafft Aufmerksamkeit – gilt immer seltener.

- Bei der Informationssuche vertrauen die Menschen am ehesten dem Urteil von unabhängigen Quellen, die nicht auf der Gehaltsliste eines Unternehmens stehen. Hierzu zählen Experten, Journalisten oder Laien-Experten aus ihrem persönlichen Netzwerk.

- Mund-zu-Mund-Propaganda ist zum stärksten Hebel bei fast allen Konsumentscheidungen geworden

---

Weiterführende Literatur und Websites

Wie viel Werbung Konsumenten ausgesetzt sind und wie effektiv die jeweilige Werbeform ist, untersuchen kontinuierlich:

- ◼ Nielsen Media Research (www.nielsenmedia.com)
- ◼ American Association of Advertising Agencies (www.aaaa.org)
- ◼ GfK Marktforschung (www.gfk.de)
- ◼ AGF/GFK Fernsehpanel (www.agf.de; www.gfk.de/fernsehforschung)

Einen Überblick über Werbeträger in Deutschland bieten:

■ Nielsen Media Research (www.nielsenmedia.com) und
■ Branchenorganisationen wie beispielsweise der Bundesverband der deutschen Zeitungsverleger (BDZV – www.bdzv.de) der Verband deutscher Zeitschriftenverleger (VDZ – www.vdz.de) oder der Verband Privater Rundfunk und Telekommunikation (VPRT – www.vprt.de)

2. Grundlagen: Wie entsteht Mund-zu-Mund-Propaganda?

In diesem Kapitel erhalten Sie Antworten auf folgende Fragen:

- Was genau sind die Geheimnisse von Word-of-Mouth- bzw. Mund-zu-Mund-Marketing?
- Warum sind soziale Netzwerke bei der Kaufentscheidung so wichtig?
- Lassen sich Kundenempfehlungen gezielt auslösen?
- Existiert der Homo oeconomicus, der nach wirtschaftlicher Nutzenmaximierung strebt?
- Werden populäre Dinge immer noch populärer, nur weil sie bereits populär sind?

Menschen handeln selten unbeeinflusst, Konsumenten treffen ihre Kaufentscheidung nicht isoliert von den Kaufentscheidungen anderer. Vielmehr setzt sich das Verhalten der Zielgruppe aus der Gesamtheit des Verhaltens seiner Individuen zusammen. Und dabei darf nicht unbeachtet bleiben, dass das Verhalten eines Individuums durch das Verhalten anderer in seinem sozialen Umfeld ganz wesentlich bestimmt oder zumindest beeinflusst wird.

Ähnlich wie Tiere imitieren auch Menschen mal mehr, mal weniger bewusst das Verhalten anderer Personen in ihrem Umfeld. In der Tierwelt garantiert die Orientierung am Rudel, an der Herde oder am Schwarm in der Regel ausreichend Versorgung und Schutz – Alleingänge fernab der Gruppe werden nicht selten mit dem Leben bezahlt. Fast so, als wäre dieser Urinstinkt des Überlebens auch noch tagtäglich in den Menschen präsent, können wir uns nicht dem Zwang entziehen, wenn alle um uns herum nach oben schauen, ebenfalls den Blick gen Himmel zu richten, jagen auch wir in Rudeln hinter dem nächstbesten Schnäppchen her, oder schauen uns einen Film im Kino an, von dem alle Welt spricht, und sei es auch nur, um einfach mitreden zu können.

Das Aufsetzen auf dem effizienten Phänomen der Weiterempfehlung durch Kunden bzw. das soziale Einspritzen von Kaufentscheidungen ist kein neuer Gedanke. Man denke nur an den klassischen Strukturvertrieb, in dem umtriebige

Vertriebsagenten – wahlweise als Versicherungsvertreter, Kosmetik-Berate-rinnen, Tupperware-Hausfrauen oder Aloe-Vera-Experten getarnt – jedem be-dauernswert pflichtschuldigen Mitglied ihres persönlichen Umfeldes mehr oder minder erfolgreich ihre Waren aufschwatzen.

Doch was veranlasst Menschen dazu, Informationen über Marken und Produkte auszutauschen – abgesehen von eigenen finanziellen Interessen eines Glieds in der Strukturvertriebskette?

- Wie ist es möglich, dass eine gestern noch totgesagte Schuhmarke praktisch über Nacht zum absolut angesagten Modehit wird?
- Wie wird ein gerade erst neu eröffnetes Restaurant sofort zum absoluten Renner?
- Und auf welche Weise kann das Liedchen einer völlig unbekannten Sängerin auch ohne Plattenvertrag und Werbung zum Superhit werden?

Nehmen wir zum Beispiel den Wackeldackel – einst Zierde der Hutablagen des Opel Kapitäns oder des Ford 17. In neuerer Zeit stagnierte seine Produktion bei kläglichen 200 Stück pro Woche. Das possierliche Tierchen galt als Mode ver-gangener Tage, wurde wie die umhäkelte Toilettenrolle als Accessoires betagter Autofahrer abgestempelt. Dann das ungeahnte Comeback: Dem friedlichen Dauernicker kommt im Jahre 1998 eine nicht unwesentliche Rolle im TV-Werbespot eines Ölkonzerns zu. Die Nachfrage schnellt plötzlich um das Hun-dertfache hoch, was nicht zuletzt den Hersteller völlig überraschte. Von dem plötzlichen Erfolg überrollt, herrschte eine akute Versorgungslücke, da jeder einen Wackeldackel haben wollte. Der Schwarzmarkt mit Preisen, die den La-denpreis um ein Vielfaches überstiegen, blühte.

Die Frage ist also: Lassen sich Moden, Trends, soziale Verhaltensnormen, Ge-rüchte nun tatsächlich gezielt auslösen? Und wenn ja, welche Mechanismen können aus Marketingsicht nutzbar gemacht werden?

Die Beantwortung dieser Fragen führt zu einem Evolutionsmodell der Informa-tionsübertragung.

Memetik – Basis aller Marketing-Epidemien

Richard Dawkins schuf 1976 den Ausdruck „Meme" als Analogie zu Darwins Theorie der Evolution und zum Begriff des Gens. Hinter der Memetik verbirgt sich die Theorie der Replikation und Verbreitung von (Marketing-)Botschaften. Ein Mem ist eine kleine Informationseinheit, die jedoch so „infizierend" ist, dass sie Menschen dazu bewegt, sie weiterzugeben. So wie sich Gene als Träger des Erbguts im evolutionären Prozess von Körper zu Körper übertragen, so verbreitet sich ein Mem beim Übergang auf psychologischer/kommunikativer Ebene von Gehirn zu Gehirn. Meme – beispielsweise Ideen, Moden oder Schlagworte – nutzen dabei gezielt das Individuum mit seinen zwischenmenschlichen Beziehungen als Wirt, um sich effektiv weiterzuverbreiten.

Wichtig für das Verständnis von Dawkins Theorie ist, dass ein Mem die eigenständige Fähigkeit besitzt, das Verhalten des Individuums so zu verändern, dass es Informationsmuster weiter propagiert. Die Vermehrung und Verbreitung der Meme wird zudem dadurch intensiviert, dass diese zwischen beliebigen Individuen ausgetauscht werden können, während Gene nur von den Eltern zur nächsten Generation vererbt werden.

Als entscheidender Replikationsmechanismus von Memen gilt die menschliche Fähigkeit zur Nachahmung oder Imitation. Durch Imitation werden Verhaltensmuster, Normen, Ideen, Werte, religiöse Motive, Melodien, Moden, Witze oder Sprichwörter weitergegeben und entwickeln ein Eigenleben. Individuen ahmen das Verhalten ihrer Mitmenschen nach und schaffen damit zugleich wiederum neue Vorgaben und Standards für andere Mitmenschen. Aus der Unmöglichkeit, alle Zusammenhänge des täglichen Lebens ständig zu hinterfragen und erklären zu können, übernehmen wir gerne fremde Erklärungen und Bestätigungen für unser Denkmodell. Nur auf diese Weise konnten sich hochkomplexe Überlebensstrategien entwickeln und über die Generationen hinweg weitervererben.

Ist der Replikationsmechanismus allerdings unvollkommen, entstehen Mutationen etwa in Form von Gerüchten oder urbanen Legenden. Wichtig ist zudem das Prinzip der Selektion – manche Meme werden weitergegeben, andere versanden. Hierbei gibt es keine zwingende Beziehung zwischen der Stärke eines Auslösers und dem resultierenden Effekt. Manch groteske Idee findet viele Überträger und manch vermeintlicher „Brüller" kommt nicht an.

Aber warum verbreiten sich einige Ideen/Meme epidemisch, andere nicht?

Grundlagen der Verbreitung von Botschaften in sozialen Netzwerken

Der US-Journalist Malcolm Gladwell kommt in seinem Buch „Tipping Point – Wie kleine Dinge Großes bewirken können" zu dem Schluss, dass Krankheiten und Trends (Meme) sich nach denselben Regeln ausbreiten. Unter dieser Voraussetzung untersucht Gladwell Planungsparameter der Verbreitung von Informationsepidemien und widmet sich jenem magischen Moment, der schlagartig eine modische oder soziale Lawine lostritt (dem Tipping-Point).

Gladwell unterteilt die Gesellschaft in Vermittler, Kenner und Verkäufer. Dies weist auf einen wichtigen Aspekt hin. Wirkungsvolle Mundpropaganda benötigt vor allem Vermittler (engl. Connectors). Sie bilden den sozialen Klebstoff der Gesellschaft in Gestalt geselliger Menschen, die beruflich oder privat viele wichtige Personen kennen und Schnittstelle für Neuigkeiten sind. In Beziehungsnetzwerken stellen sie die „Superknoten" bzw. Hubs dar, die besonders viele Netzwerkkontakte haben oder vor allem auch über so genannte „weak ties" Brücken zu anderen Beziehungsnetzen bilden (vgl. Abb. 3).

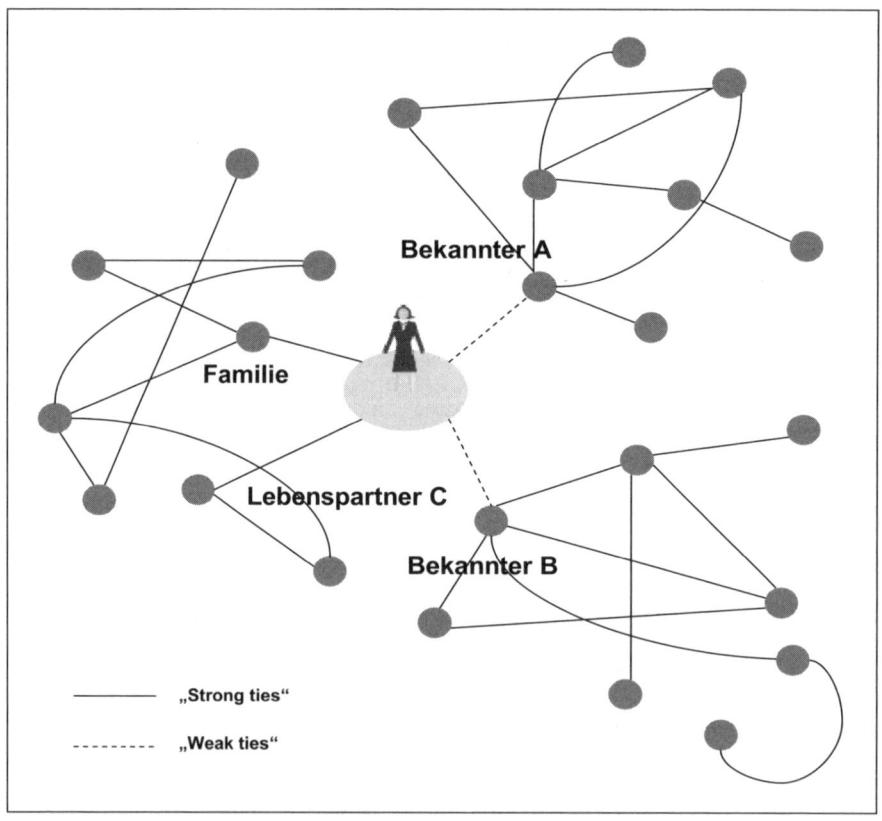

Abbildung 3: Kommunikationswege in sozialen Netzwerken

Vermittler sind die Hauptakteure im Kommunikationsgeflecht. Da sie helfen können, die jeweilige Botschaft besonders effektiv zu verbreiten, sind sie für den Erfolg einer sozialen Epidemie besonders relevant. Theoretisch können „Connectors" jeden Erdenbürger erreichen. Will man beispielsweise aus Deutschland einen Brief an einen Adressaten in Korea schicken, so geht dies auch ohne die Deutsche Post. Der Psychologe Stanley Milgram hat dies durch mehrere Experimente beeindruckend nachgewiesen: Er gab Versuchspersonen einen Brief an eine ihnen völlig unbekannte Zielperson, den sie an einen Bekannten schicken sollten, von dem sie glaubten, dass er dem Adressaten näher stehen würde. Dieser sollte dann ebenso verfahren, bis der Brief schließlich sein Ziel erreichte. Obwohl rein rechnerisch das Verhältnis von den realen Kontakten einer Person zu den theoretisch möglichen nahezu 0 ist, brauchten die Briefe im Durchschnitt nur 6 Stationen (Six degrees of separation). Das heißt jeder Mensch ist mit jedem anderen weltumspannend um höchstens sechs Ecken bekannt.

Eine Botschaft wird jedoch weniger von den Vermittlern selbst ins Leben gerufen, sondern stammt aus den gesellschaftseigenen Datenbanken, den Kennern. Diese sammeln gezielt spezifische Informationen und lassen andere an ihrem Insiderwissen teilhaben. Dabei wollen sich Kenner weniger mit ihrem Wissen brüsten, sie sind viel eher sozial motiviert, wollen ihren Mitmenschen helfen.

Darüber hinaus gibt es eine Gruppe von Menschen, die die Fähigkeit besitzt, eine große Zahl von Menschen zu überzeugen und zum Handeln zu bewegen – die Verkäufer. Sie sind Filter oder Verstärker von sozialen Austauschprozessen. Gefällt ihnen eine Botschaft, machen sie diese schmackhaft für Connectors, indem sie ihnen die Wichtigkeit der Informationen klarmachen und gleich in einem Abwasch prägnante Argumente dazu mitliefern, die ein Vermittler gleich weiterverwenden kann. Stößt eine Idee bei „Verkäufern" hingegen auf Ablehnung, beenden sie nicht nur den Verbreitungsprozess der Botschaft, sondern können im Extremfall auch eine negative Variante der Nachricht ins Leben rufen.

Soziale Kettenreaktion, die zu sinnvollen Informationsepidemien führen, setzen daher interessante und vor allem positiv-ansteckende Botschaften voraus. Diese zu kreieren ist schwer, da sich die jeweilige Information zusätzlich selber einprägen und in den Gehirnen der Empfänger verankern muss. Bedenkt man, dass Epidemien auch von den Bedingungen und Umständen der Zeit und des Ortes ihres Geschehens abhängen, bekommt man einen Eindruck davon, wie aufwändig sich der Prozess und die Planung einer künstlich ausgelösten Epidemie gestalten kann.

Mit dem Viral Marketing ist eine neue Disziplin der Vermarktung von Unternehmen, Produkten und Dienstleistungen entstanden, die sich dem Ziel verschrieben hat, geplant Mund-zu-Mund-Propaganda auszulösen und diese Gewinn bringend zu nutzen.

Zusammenfassung

- Kommunikative Austauschprozesse basieren auf einem evolutionär entstandenen Erfolgsmodell. Ähnlich wie Tiere orientieren sich Konsumenten an über Generationen hinweg entwickelten Überlebensstrategien. Diese helfen den Menschen, sich auch noch heute im wachsenden Informationsdschungel zurecht zu finden. Gleichzeitig bedingen sie aber auch das Entstehen von sozialen Verhaltensnormen sowie dem plötzlichen Auftreten von Moden, Trends oder Gerüchten.

- Die Memetik liefert ein Evolutionsmodell der Informationsübertragung, das die Ausbreitung von sozialen „Epidemien", die zu Moden, Trends und Gerüchten führen, erklärbar macht.

- Die Kernbausteine der Memetik sind Meme. Dies sind eigenständige Informationseinheiten, die ansteckend auf Individuen wirken. Ist ein Mensch erst einmal mit einem Mem infiziert, nutzt es seinen Wirt, um sich weiterzuverbreiten. Dazu zwingt es den Träger des Mems, die bestehenden Kommunikationswege zu nutzen, um weitere Wirte zu erreichen.

- Die Ähnlichkeit des Verbreitungsprozesses von Memen mit dem eines Virus führt zu den Planungsparametern des Viral Marketing. Dabei setzen sich Gesellschaften zusammen aus Vermittlern, Kennern und Verkäufern. Jedes Mitglied nimmt dabei eine andere Funktion im Verbreitungsprozess von Memen ein. Vermittler sorgen für eine reichweitenstarke Streuung, Kenner – die Wissensdatenbanken der Gemeinschaft – sind verantwortlich für Auslöseprozesse und Verkäufer fungieren als qualitative Filter oder Verstärker in Empfehlungsprozessen.

- Das Viral Marketing baut auf den evolutionären Grundlagen der Memetik auf und integriert systematisch Strategien, Taktiken und Maßnahmen, um gezielt Mundpropaganda auszulösen und zu kontrollieren.

Weiterführende Literatur und Websites

Bücher zu den Grundlagen des Viral Marketing:

- „The Tipping Point" von Malcolm Gladwell, London, 2001
- „Das egoistische Gen" von Richard Dawkins, Reinbek, 1996
- „Soz. Netzwerke und Massenmedien" von Michael Schenk, Tübingen, 2000

3.   Was ist Viral Marketing?

In diesem Kapitel erhalten Sie Antworten auf folgende Fragen:

- Was ist der Unterschied zwischen Mund-zu-Mund-Propaganda, Kundenempfehlungen und Viral Marketing?
- Was unterscheidet Viral Marketing von anderen Marketing-Strategien?
- Welches neue Potenzial können sich Unternehmen durch Viral Marketing erschließen?
- Welche Formen des Viral Marketing gibt es?

Viral Marketing umfasst das gezielte Auslösen und Kontrollieren von Mund-zu-Mund-Propaganda zum Zwecke der Vermarktung von Unternehmen und deren Leistungen. Viral Marketing baut auf den Forschungsergebnissen unterschiedlicher Wissenschaftszweige wie etwa der Psychologie, der Sozialwissenschaften oder der Evolutionstheorie auf und integriert Erfahrungen der unternehmerischen Praxis. Dadurch entstand in den letzten Jahren ein Arsenal an Strategien und Taktiken zur Planung, Durchführung und Kontrolle von Marketingaktionen, die gezielt soziale Epidemien auslösen sollen. Der Term „viral" verdankt seinen Namen einer Assoziation aus der Medizin. Wie ein Virus sollen sich Informationen über ein Produkt oder eine Dienstleistung innerhalb kürzester Zeit von Mensch zu Mensch verbreiten.

The Blair Witch Project – ein Horror-Virus

Die Geschichte über eine Studentengruppe, die während des Drehs einer Dokumentation in den nordamerikanischen Wäldern spurlos verschwand, beschäftigte Ende der 90er Jahre Millionen von Menschen. War es wahr, dass drei Jugendliche auf der Suche nach dem Geheimnis einer sagenumwobenen Waldhexe (‚Blair Witch') ihren Tod fanden? Zeigte das angeblich von Polizisten gefundene Videomaterial tatsächlich die tragischen Bilder der letzten Tage dieser Studenten? Und viel wichtiger: Konnte man auf den Bildern einen Hinweis für das mysteriöse Verschwinden der Gruppe finden?

Quelle: www.blairwitch.com

Abbildung 4: Gefälschtes Beweismaterial zum Blair Witch Project

All diese Fragen, all diese Unsicherheiten waren jedoch nur künstlich er-
zeugt. Die Filmemacher Daniel Myrick und Edward Sanchez hatten sich die
gesamte Geschichte nur ausgedacht. Sie war Teil einer der bekanntesten Viral-Marketing-Kampagnen der letzten Jahre.

Angefangen bei realistischen Bildern vom verlassenen Auto der Studenten
über täuschend echt wirkende Polizeifotos der gefundenen Videobänder bis
hin zu einem Ausschnitt der Nachrichtensendung eines Lokalsenders war alles gefälscht. Die Menschen sollten ins Kino gehen, um „echten" Horror zu
erleben. Reality-Kino als neues Erlebnis. Der Erfolg war überragend: Ohne
massive Werbepräsenz im Fernsehen oder in Printmedien verbreiteten sich
die Informationen über Mund-zu-Mund-Propaganda in rasender Geschwindigkeit. Immer wieder aufkeimender Zweifel an der Echtheit des Materials
heizte die Diskussionen über das „Blair Witch Project" dabei ständig weiter
an. Schnell breitete sich der künstliche Virus wie eine Epidemie über die gesamten USA aus. Mit circa 40 000 Dollar Produktionskosten spielte der Film
im Sommer 1999 allein in Nordamerika unglaubliche 140 Millionen Dollar ein.

Mehr zu diesem Beispiel ab Seite 103.

Kaum ein anderes Marketinginstrument hat jemals dieses Potenzial gehabt, die
klassische Massenkommunikation derart zu revolutionieren. Nicht unbedingt
aufgrund der Tatsache, dass die Verbreitung der Marketingbotschaft durch den
„Kundenmund" wesentlich kostengünstiger ist als herkömmliche Kommunika-
tionsinstrumente, viel entscheidender ist, dass Viral Marketing anders als tradi-

tionelle Werbung die natürlichen Beziehungen und Kommunikationswege in menschlichen Netzwerken ausnutzt: Dadurch, dass eine Botschaft den aufdringlichen Charakter eines Werbeversprechens verliert – indem sie von Freund zu Freund weiter getragen wird – können enorme Potenziale in der Kundenkommunikation erschlossen werden. Grundvoraussetzung ist jedoch eine Win-Win-Situation, d.h. Unternehmen und Kunde profitieren gleichermaßen – der Konsument dadurch, dass er etwas Interessantes erlebt und zu erzählen hat und das Unternehmen dadurch, dass die Kunden keine Abneigung gegenüber der Werbebotschaft entwickeln und offener sind. Kein Mensch lässt sich freiwillig vor den Karren eines Unternehmens spannen. Jeder Versuch, es trotzdem zu tun, führt in der Regel zum Scheitern der viralen Kampagne.

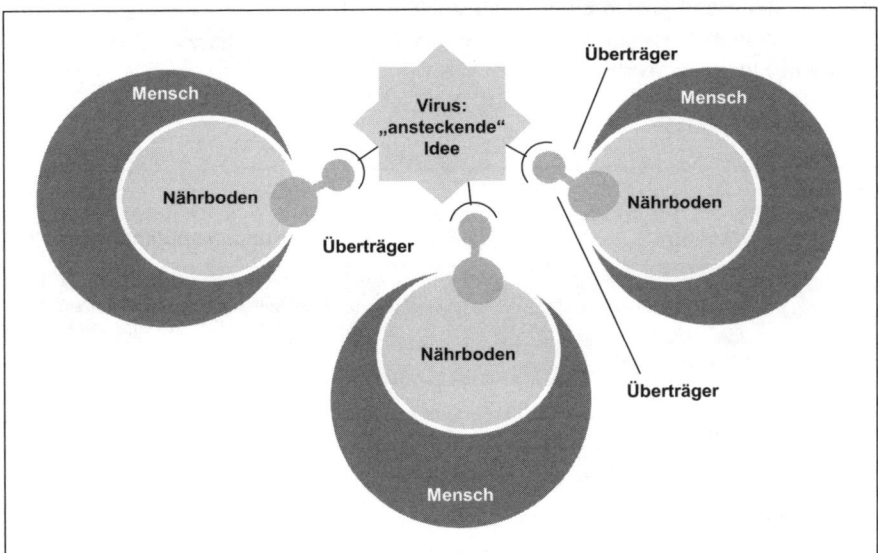

Abbildung 5: Die Verbreitung von Marketingviren

Kundenempfehlungen versus Viral Marketing

Denkt man an den Begriff Mund-zu-Mund-Propaganda, so kommen einem zuallererst Kundenempfehlungen in den Sinn. Jemand sucht beispielsweise nach einer neuen Spülmaschine und fragt eine Kollegin, welche Marke verlässlich sei. Ist die Gefragte mit ihrer Maschine von „Bauknecht" seit Jahren zufrieden, so ist es wahrscheinlich, dass sie diese Marke weiterempfiehlt. In diesem Sinne propagieren Menschen bewusst verlässliche Handwerker, vertrauenswürdige Anwälte oder auch einen kompetenten Steuerberater.

Für das Viral Marketing ist diese Art von Empfehlungen jedoch weniger interessant, da sie aus einer innigen – teilweise jahrelangen – Beziehung zwischen Unternehmen und Kunde herrühren. Die Einflussmöglichkeiten des Unternehmens auf Zahl und Art der Empfehlungen sind vergleichsweise gering. Nur wer von Anfang an mit der Qualität seiner Leistung den Kunden überzeugt, hat eine Chance darauf, solche Weiterempfehlungen zu erhalten.

Für das Virusmarketing sind vor allem „Gelegenheitsempfehlungen" relevant, also Empfehlungen, die nicht auf langfristigen Beziehungen mit einer Marke oder einem Unternehmen beruhen, sondern sich kurzfristig, situativ ergeben und dadurch instrumentalisierbar sind. Hierzu zählen unspezifische Empfehlungen wie Gerüchte und Geschichten, aber auch spezifische Tipps wie etwa der Hinweis auf eine interessante Website, die Empfehlung eines Shareware Programms oder eines lustigen Werbeclips.

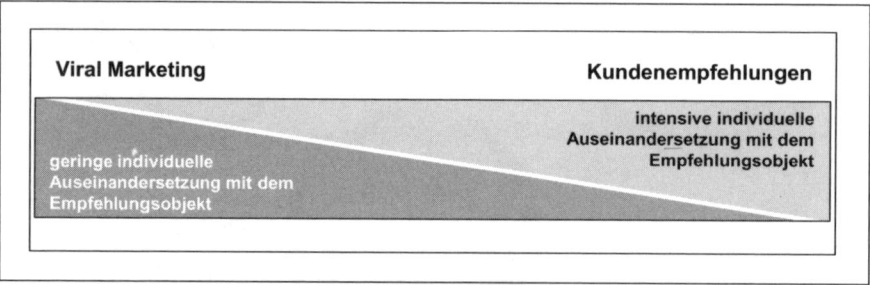

Abbildung 6: Viral Marketing versus Kundenempfehlungen

Aktives und passives Viral Marketing

Viral Marketing lässt sich nach der Rolle des Konsumenten im Empfehlungsprozess in zwei Varianten unterteilen:

- **aktive** Konsumentenbeteilung und
- **passive** Konsumentenbeteiligung.

Die a*ktive* Variante des Viral Marketing stellt die natürliche Form der Weiterempfehlung dar. Hierbei wird ein Konsument selbst aktiv und empfiehlt einer anderen Person eine bestimmte Leistung.

In der *passiven* Variante verbreitet der Kunde die Information über ein Angebot allein durch die Nutzung desselben. Neue Personen erfahren von der Existenz des Angebots nicht direkt durch eine andere Person, sondern durch die Nutzung des Produkts oder der Dienstleistung selbst. Diese Art des Viral Marketing wurde vor allem durch das Internet geprägt. Zwei Beispiele:

- **GMX (www.gmx.de)** – Wer einen kostenlosen Account beim E-Mail-Provider einrichtete, versendete automatisch mit jeder seiner Mails eine Empfehlung für GMX. Automatisch wurde jeder Nachricht der Satz „Kostenlose E-Mail-Adresse gibt es bei GMX.de" gehängt. E-Mail für E-Mail verrichtet der Nutzer Empfehlungsarbeit für GMX, ohne dabei selbst aktiv werden zu müssen.
- **Edgar (www.edgar.de)** – Der werbefinanzierte Online-Dienst der Edgar Medien AG bietet Internetnutzern den kostenlosen Versand von Tausenden lustiger eCards. Der Adressat einer solchen eCard erhält eine E-Mail mit der Nachricht, dass online eine Grußkarte für ihn vorliegt. Holt er diese auf den Internetseiten von Edgar ab, weist ihn der Dienst darauf hin, doch mit einer eigenen eCard zu antworten.

Viral Marketing und Medienwahl

Eine Frage, die häufig mit dem Thema Empfehlungsmarketing aufkommt, ist, ob die Strategien und Taktiken des Viral Marketing auf ein Medium beschränkt sind. Angesichts der durch das Internet ausgelösten Wiederbelebung des Themas Mund-zu-Mund-Propaganda ist diese Frage auch durchaus berechtigt.

Grundsätzlich ist Viral Marketing an kein spezifisches Medium gebunden. Es ist jedoch kein Zufall, dass gerade mit der Entwicklung des Internets die Diskussion und die Ideen über das gezielte Auslösen von Mund-zu-Mund-Propaganda eine Renaissance erlebten. Grund dafür sind die enormen Geschwindigkeiten mit der sich Informationen mittels Websites, Foren oder E-Mails quasi exponenziell verbreiten können.

Nur wenige Gerüchte und Geschichten erreichen außerhalb des Internets überhaupt eine kritische Masse. Wenn jemand in der Offline-Welt eine Empfehlung aussprechen will, so ist der Empfängerkreis dieser Empfehlung durch die zur Verfügung stehende Zeit und die Reichweite des Empfehlers begrenzt. Ein normaler Mensch trifft nur eine Handvoll guter Bekannte in der Woche. Es ist unwahrscheinlich, dass jemand zum Telefon greift und alle seine Freunde anruft, nur um ihnen eine Empfehlung für ein Produkt auszusprechen.

Anders verhält es sich online. Bei einer E-Mail muss der Nutzer nur kurz den Weiterleitungs-Button betätigen, die Adressen von Freunden, Kollegen und Bekannten im Adressbuch selektieren und auf „Senden" drücken. Fertig. Schon ist die Empfehlung abgegeben.

	Viral Marketing	
	offline	online
Expansion	langsam, kritische Masse wird erst nach längeren Zeiträumen erreicht	schnell, kritische Masse kann innerhalb kurzer Zeit erreicht werden
Verbreitungsart	überwiegend verbal, weniger visuell	überwiegend visuell, weniger verbal
Persönliche Anwesenheit	Grundvoraussetzung, daher oft situativ	Versand- und Empfangszeitpunkt asynchron, individuell vom Empfänger bestimmbar
Kontrolle über die Verbreitung	relativ niedrig; Ursprung beim Kunden; Modifikation beim Weitererzählen	relativ hoch; Ursprung beim Unternehmen; Modifikation durch Kunden kann eingeschränkt werden
Sozialer Einfluss	aufmerksamerer Empfänger durch persönliche Interaktion zwischen den Gesprächspartnern	Empfänger ist nicht genötigt, der Nachricht Aufmerksamkeit zu schenken; dadurch kaum Interaktion zwischen den Kommunikationspartnern
Anwendungsbereich	Reichweite unlimitiert	Reichweite limitiert auf Internetnutzer
Multiplizierbarkeit von Botschaften	Nachricht kann nur persönlich mitgeteilt werden	Nachricht ist kopierbar, mehrfach versendbar

Abbildung 7: Vergleich Viral Marketing online versus offline

Nicht nur die elektronische Post eignet sich hervorragend für Viral Marketing. Das Internet bietet viele weitere Möglichkeiten. In IRC-Chats und in Tausenden von Foren tauschen sich täglich Millionen von Menschen über alle denkbaren Themen aus. Dabei wird eine ausgesprochene Empfehlung nicht nur von den Diskussionsteilnehmern selbst gelesen, sondern auch von Hunderten anderer Nutzer, die nur die Threads (dt. alle Beiträge zu einer Diskussion) verfolgen oder auf der Suche nach bereits beantworteten Fragen das Internet durchstöbern.

Nicht zu vergessen die Verbraucherportale wie u.a. Ciao.de oder Dooyoo.de. Es gibt kaum ein teureres Produkt mehr, über das nicht bereits mindestens ein Erfahrungsbericht geschrieben wurde. Über 800 000 eingetragene Mitglieder zählt allein das Meinungsportal Ciao.

Das Internet bietet also hauptsächlich Geschwindigkeitsvorteile und Multiplikatoreffekte, welche die Verbreitung eines Marketingvirus erheblich erleichtern und zeitlich verkürzen können. Je nach dem, welche Zielgruppe erreicht werden soll und welchen Zeitraum die Phase der Zielerreichung umfassen darf, entscheidet sich, in welchem Umfang das Internet als Überträger zum Einsatz kommen sollte. Hierzu lesen Sie in Kapitel 4 mehr.

Zusammenfassung

-   Viral Marketing umfasst das gezielte Auslösen und Kontrollieren von Mund-zu-Mund-Propaganda zum Zwecke der Vermarktung von Unternehmen und deren Leistungen.

-   Grundlage jeder Viral-Marketing-Kampagne ist eine Win-Win-Situation zwischen den primären Überträgern des Virus, den Menschen, und dem Unternehmen. Nur wenn beide Parteien von der Kampagne profitieren und sich keiner übervorteilt fühlt, funktioniert Viral Marketing.

-   Kern des Viral Marketing sind „Gelegenheitsempfehlungen", die keine langjährige Kundenbeziehung voraussetzen und leicht zu instrumentalisieren sind. Hierzu gehören vor allem situative und spontan ausgesprochene Tipps und Ratschläge für beispielsweise eine Website, eine Fernsehsendung oder einen Kinofilm.

-   Im Viral Marketing wird zwischen aktiven und passiven Empfehlungen unterschieden. Bei aktiver Weiterempfehlung muss der Konsument selbst aktiv werden, sprich selbst Kontakt zu einem Kommunikationspartner aufnehmen. Passive Empfehlungen erfolgen automatisch, beispielsweise wenn ein kostenloses E-Mail-Programm als Gegenleistung für die Nutzungsrechte maschinell einen Tipp an alle versendeten Nachrichten hängt, ebenfalls das spezifische Programm zu verwenden.

-   Viral Marketing ist an kein spezifisches Medium gebunden. Je nach Zielsetzung sind jedoch manche Medien wie das Internet durch seine schnellen Übertragungswege z.B. über E-Mail besonders effektiv, um kurzfristig große Reichweiten zu erzielen.

Weiterführende Literatur und Websites

Lesenswerte Bücher, eBooks und Fallstudien zum Viral Marketing:

- „Proven Tactics in Viral Marketing: Online Games, Quizzes, eCards, Contests and Buzz Building" von MarketingSherpa, Warren, 2003
- „The Anatomy of a Buzz" von Emanuel Rosen, New York, 2002
- Dutzende von aktuellen Viral Marketing Fallstudien finden Sie in der Content Library von MarketingSherpa: library.marketingsherpa.com
- Eine kurze Zusammenfassung zum Thema Viral Marketing im Internet bietet: „Virales Marketing – Was Google, GMX und Napster erfolgreich macht" von Sascha Langner, Göttingen, 2003

4. Kernelemente des Viral Marketing

In diesem Kapitel erhalten Sie Antworten auf folgende Fragen:

- ■ Was sind die elementaren Bestandteile einer viralen Kampagne?
- ■ Welche Rahmenbedingungen sind wichtig?
- ■ Wie werden effektive Weiterempfehlungsanreize gestaltet?

4.1 Kernelemente der Viruskommunikation: Das Beispiel „Dietmar Hamann Bridge"

Dass er über Wochen Millionen von Menschen vor ihre Computermonitore locken würde, hätte sich der Fußballer Dietmar „Didi" Hamann mit Sicherheit nicht gedacht. Dennoch wurde Anfang 2005 einer seiner – unter normalen Umständen sicherlich – längst vergessenen Treffer zum Kern eines kommunikativen Virus. Wie eine Epidemie verbreitete sich der Aufruf „Wählt die Didi Hamann Bridge" über das Internet. Der Erfolg des „Hamann-Virus" zeigt eindringlich, welche Eigenschaften für einen Marketingvirus wichtig sind.

Dietmar Hamann dürfte auch Fußballlaien ein Begriff sein. Als Mittelfeldspieler der deutschen Nationalmannschaft war er maßgeblich am Gewinn des Vizeweltmeistertitels 2002 beteiligt. Schon zwei Jahre zuvor – bei der Weltmeisterschaftsqualifikation – hatte Hamann sein spielerisches Geschick unter Beweis gestellt. Im Länderspiel England gegen Deutschland schoss er am 7. Oktober 2000 in der 13. Minute das Siegtor. Dass Hamanns Treffer das letzte Tor im legendären Wembley Stadion war, bevor es abgerissen wurde, interessierte damals nur wenige. Erst Anfang März 2005 war Hamanns Glanzleistung auf einmal „Stadtgespräch". Millionen von Menschen diskutierten über Hamanns Tor und über das neue Wembley Stadion. Was war passiert?

Im Zuge des 1,1 Milliarden Euro teuren Wiederaufbaus des englischen Traditionsstadions wurde auch eine neue Fußgängerbrücke gebaut. Für diese suchte die Stadt London noch einen Namen. Um nicht über die Köpfe der Menschen hin-

weg zu entscheiden, wurde am 15. Februar 2005 eine Online-Abstimmung gestartet. Jeder interessierte Fußballfan konnte seinen Favoriten ins Rennen schicken. Einzige Voraussetzung: Das genannte Fußballidol sollte in Verbindung
zum alten Wembley Stadion stehen. Da das Internet global angelegt ist, konnte
natürlich niemand aus der Abstimmung ausgeschlossen werden.

Es dauerte nicht lange, bis auch ein deutscher Fußballfan von der Abstimmung
hörte. Er verfasste an seine Freunde und Kollegen einen Aufruf, für Dietmar
Hamann zu stimmen; Begründung: „In tribute to the player who scored the last
goal in the old stadium".

```
Hallo Leute,

Schaut Euch das mal kurz an, nehmt Euch 2 Minuten 'Extra-Time' und gebt
den Engländern die Möglichkeit die Seiten ihrer Boulevardpresse zu
füllen...

Nehmt Eure demokratischen Rechte War!!!!!!

;-) Ganz wichtig: Voten und Weiterleiten!

Mit sportlichem Gruß, Heiner.

"Wer erinnert sich nicht an das glorreiche 1:0 der deutschen Fußball-
Nationalmannschaft im letzten Spiel vor dem Abriss des altehrwürdigen
Wembley-Stadions? (Wie sehr die Engländer diese Niederlage geschmerzt
hat, lässt sich übrigens gut in David Beckham "My Side" nachlesen)

Nun ist es an der Zeit, Didi Hamann für seinen Sieg-Freistoß (ca. 25
Meter Entfernung, flach über den nassen Rasen ins untere linke Eck!)
entsprechend zu würdigen: Mittlerweile ist das Wembley-Stadion wieder
aufgebaut und zum Stadion führt eine neue Brücke, die noch namenlos ist.

Deswegen hat die London Development Agency einen Wettbewerb
ausgeschrieben, bei dem der Name gewinnt, der am häufigsten genannt
wird. Und das ist unsere Chance!

Also hier für "Dietmar-Hamann-Bridge" voten:

http://www.lda.gov.uk/server.php?show=ConForm.9

Wenn das erst noch nicht so recht klappt, einfach mehrmals probieren,
irgendwann klappt es.

In der Begründung bitte angeben: 'In tribute to the player who scored
the last goal in the old stadium'. Auch beim abschicken kann es sein,
dass 'service unavailable' auftaucht: hier einfach aktualisieren bis es
geschafft ist. Meist klappts dann auch beim 2. oder 3. Mal."

Und natuerlich fleissig weiterleiten... :-)

--
```

Abbildung 8: Aufruf eines Fans zur Wahl der „Dietmar Hamann Bridge"

Die Tatsache, mit ihrer Stimme die Engländer „ärgern" zu können, faszinierte die Massen. Innerhalb weniger Wochen wurde die E-Mail hunderttausendfach weitergeleitet. Internet-Magazine und Weblogs griffen das Thema ebenfalls auf. Allein Google zählte Anfang März 2005 knapp 20 000 Einträge zum Suchbegriff „dietmar hamann bridge". Nahezu jeder Fußballinteressierte hatte drei Wochen nach Start der Abstimmung von dem „Fan-Projekt" gehört.

Aber nicht nur die Deutschen versuchten die Abstimmung zu sabotieren. Der Namensfindungsprozess für die Fußgängerbrücke in Wembley löste eine europäische Epidemie aus. So schickten beispielsweise auch die Iren einen Spieler ins Rennen. Roy Keane – bekanntestes Mitglied der irischen Nationalelf – erhielt mit circa 200 000 der insgesamt 667 000 abgegebenen Stimmen sogar fast noch mehr Zuspruch als Dietmar Hamann. Wie viele Stimmen der deutsche Spieler jedoch insgesamt erzielte, veröffentlichten die Verantwortlichen nicht.

Warum war der „Hamann-Virus" so erfolgreich?

Abstimmungen gibt es im Internet zuhauf. Aber gerade die Namenswahl einer Brücke in England führte zu einer „Empfehlungsepidemie". Ein Phänomen? Nein. Der Aufruf zur Wahl der „Dietmar Hamann Bridge" vereint viele Eigenschaften auf sich, die eine Kampagne im Stil des Viral Marketing ausmacht: Die Idee war neu und einzigartig, sie weckte Emotionen („Lass uns die Engländer ärgern") und Informationen über die Abstimmung konnten inhaltlich einfach weitergeleitet werden.

Dies führt uns zu der Frage, was die generellen Erfolgsfaktoren des Viral Marketing sind.

Kernbestandteile des Viral Marketing

Eine virale Kampagne besteht im Wesentlichen aus vier Elementen:

- Kampagnengut,
- Rahmenbedingungen,
- Weiterempfehlungsanreize und
- zielgruppenspezifisches Streuen (Seeding).

Diese vier Elemente werden im Folgenden vorgestellt.

4.2 Das Kampagnengut

Viral Marketing erfordert ein aufmerksamkeitsorientiertes Vorgehen: Nur wer etwas bietet, worüber sich das Reden lohnt, kann mit seiner Kampagne erfolgreich sein. Anders als im klassischen Marketing steht bei viralen Kampagnen deshalb selten das eigentliche Verkaufsobjekt im Mittelpunkt. Kern des Virusmarketing ist fast immer ein Kampagnengut.

Kampagnengüter dienen als Köder und Zugpferd für die tatsächliche Leistung des Unternehmens. Sie erfüllen nicht in erster Linie den Zweck zu „verkaufen". Stattdessen sollen sie Aufmerksamkeit wecken, aktivieren und Menschen zu natürlichen Handlungsweisen – wie etwa einer Weiterempfehlung – motivieren. Ziel ist es, den faden Beigeschmack von Werbung zu verlieren und die Zielgruppe indirekt mit dem eigentlichen Werbeanliegen vertraut zu machen.

Die E-Mail-Provider Hotmail und GMX sind über Viral Marketing bekannt geworden. Ihre Einnahmen erzielen die Unternehmen jedoch nicht über die Bereitstellung kostenloser E-Mail-Adressen. Erlöse erwirtschaften die Unternehmen mit kostenpflichtigen Premium-Diensten und Werbeeinblendungen.

Ein anderes Beispiel ist Google. Auch die Suchmaschine wurde über Mund-zu-Mund-Propaganda bekannt. Dennoch verdient das Unternehmen nur indirekt Geld über seinen kostenlosen Such-Service. Die Einnahmen des Unternehmens stammen aus dem Werbegeschäft und der Lizenzierung der Suchtechnologie.

Eigenschaften eines wirksamen Kampagnenguts

Je interessanter ein Kampagnengut ausgestaltet ist, desto eher wird es von den Konsumenten akzeptiert und in Gesprächen aufgegriffen. Folgende Eigenschaften sind für den Erfolg eines Kampagnenguts entscheidend. Ihr Produkt oder Ihre Dienstleistung muss nicht alle, sollte aber möglichst viele der nachfolgenden Charakteristika aufweisen:

- **Vergnügen, Unterhaltung, Spaß** – Ein erfolgreiches Kampagnengut ist abwechslungsreich und ungewöhnlich und besticht durch einen hohen Unterhaltungswert.
- **Neu und einzigartig** – Nur etwas Neues und in dieser Art und Weise noch nie Dagewesenes weckt die Aufmerksamkeit der Menschen so stark, dass sie sich damit eingehender beschäftigen.
- **Außergewöhnliche Nützlichkeit** – Viele erfolgreiche Kampagnengüter weisen einen hohen Nutzwert auf.

■ **Kostenlose Bereitstellung (auch in Teilen)** – Bei Kampagnengütern dürfen keine direkten Kosten für den Bezug oder die Nutzung anfallen.

■ **Einfache Übertragbarkeit** – Nur was sich einfach weitererzählen, kopieren oder weiterleiten lässt, hat die Chance, eine kritische Masse an Konsumenten zu erreichen.

Für ein besseres Verständnis werden die einzelnen Eigenschaften nachfolgend eingehender betrachtet.

4.2.1 Unterhaltung

Ein wichtiger Faktor im Viral Marketing ist Spaß. Wir erzählen gern über den Urlaub in Italien, einen guten Kinofilm oder auch ein tolles Restaurant. Bereitet Menschen etwas Vergnügen, so sind sie eher bereit, darüber zu berichten, als über traurige Ereignisse. Es liegt in unserer Natur, andere an unserer Freude teilhaben zu lassen. Gleichzeitig stärkt das Brüsten mit positiven Erfahrungen die eigene gesellschaftliche Position.

Ebenso wie sich das Erzählen über eigene Erlebnisse positiv auf unsere Wahrnehmung auswirkt, lässt sich ein ähnlicher Effekt auch bei Empfehlungen von etwas Unterhaltsamem beobachten. Verschaffen wir unserem „Gegenüber" etwas Kurzweil, so steht er indirekt in unserer Schuld. Dieser Effekt verstärkt sich sogar noch, wenn wir die ersten sind, die beispielsweise einen lustigen Zeitungsartikel weiterleiten, und der Empfänger diesen womöglich daraufhin selbst an seine Freunde und Bekannte empfehlen kann.

Kampagnengüter, die hauptsächlich auf Unterhaltung setzen, sind sehr häufig. Der „Bundesdance" der Süddeutschen Zeitung (www.bundesdance.com), bei dem der Nutzer Politiker nach seiner Pfeife tanzen lassen kann, die makabren Spots zum Ford Ka, in dem ein Auto Tauben den Garaus macht (www.theeviltwin.co.uk) oder der „Star Wars Gangsta Rap" (www.atomfilms.com) – eine Mischung aus Flash Animation und Rap-Song, das alles sind Beispiele für Kampagnengüter, die in hohem Maße auf Unterhaltung setzen.

DSF Fun Spots – Fußball ist unser Leben

Die virale Kampagne des DSF zum Start der Bundesliga-Saison 2004/2005 setzte vornehmlich auf den Unterhaltungsaspekt. Unter dem Motto „Mittendrin statt nur dabei", wählte der Sportkanal DSF bewusst die Mittel des Viral Marketing. Um für seine Bundesliga-Shows und das zugehörige Online-

Angebot zu werben, führte der Fernsehsender in drei lustigen Online-Fußballclips die exzessive Sportbegeisterung deutscher Fans zu neuen Höhepunkten.

Quelle: www.dsf.de

Abbildung 9: Fußball-Spaß im Alltag…DSF ist mittendrin

Die drei Spots des DSF zeigen stets eine Alltagssituation, die – aufgenommen durch eine Überwachungskamera – plötzlich eine überraschende Wendung nimmt. Dass alle Spots das Thema Fußball verarbeiten, liegt auf der Hand. So dribbelt beispielsweise eine Person unbedacht im Park mit einem kleinen Ball, als ihn ein anderer Passant plötzlich auf üble Weise foult, um in Ballbesitz zu kommen. Ein anderer Spot zeigt eine Bahnhofshalle, in der sich zwei Personen nach langer Zeit wiedersehen und freudig umarmen. Doch plötzlich stürmen die anderen Reisenden jubelnd auf die beiden zu und werfen sich – wie nach einem erzielten Tor – auf das Paar.

Die Spots, die über die Internetseiten des DSF und über verschiedene Zielgruppenportale bereitgestellt wurden, fanden regen Anklang. Innerhalb von nur drei Monaten wurden alle Spots zusammen über 1,6 Millionen Mal abgerufen.

Mehr zu diesem Fallbeispiel ab Seite 114.

Spaß basiert zum großen Teil natürlich auch auf Schadenfreude. Es ist deshalb auch kein Wunder, dass viele virale Kampagnen – wie die vom DSF – sehr erfolgreich makabre Unterhaltungselemente einsetzen, um Weiterempfehlungen zu erzielen. Meistens handelt es sich hierbei um Ideen, die im normalen Werbefernsehen keinen Anklang finden würden oder zumindest auf Protest unterschiedlicher Interessensgruppen stoßen könnten.

Die auf virale Clips spezialisierte Agentur Maverick Media drehte beispielsweise für den Start des Echtzeitstrategiespiels „Panzers – Phase One" einen besonders derben Spot: In einem Fußballspiel, 89. Minute, die Heimmannschaft liegt zurück, zieht ein Spieler der führenden Mannschaft die Notbremse und foult den gegnerischen Stürmer so stark, dass dieser verletzt vom Platz muss. In seiner Verzweiflung wechselt der Trainer die Nummer 10 ein. Das Besondere an diesem Spieler: Es ist ein Tiger-Panzer. Was sich auf Papier relativ trocken liest, ist eine wahre Freude beim Anschauen. Denn der Panzer agiert wie ein richtiger Spieler. Er foult, beeinflusst den Schiedsrichter und schießt Tore – alles eben auf seine Art.

Dass man mit morbiden oder makabren Kampagnengütern schnell die Grenze des guten Geschmacks übertreten kann, liegt auf der Hand. Um Häme von Medienwächtern zu entgehen, vermeiden es viele Unternehmen deshalb, direkt mit einem solchen Kampagnengut in Verbindung gebracht zu werden. Auf offizielle Nachfrage heißt es in solchen Fällen häufig, es handele sich um ein unautorisiertes Fan-Projekt.

4.2.2 Neu und einzigartig

Gibt jemand eine Empfehlung für ein Unternehmen oder ein Produkt ab, dann will er sich mit seinem Hinweis häufig profilieren. Das funktioniert natürlich nur, wenn das Gegenüber nicht schon von anderer Seite vom Objekt der Empfehlung gehört hat. Für den Empfehlungsprozess ist dies von entscheidender Bedeutung: Konsumenten fragen sich immer vorher, ob das Empfehlungsobjekt tatsächlich etwas Interessantes für den Empfänger darstellt oder nicht. Nur etwas Neues und noch nie Dagewesenes eignet sich in der Regel dazu, ein sicheres Gefühl beim Sender auszulösen.

Für eine virale Kampagne sind daher innovative und neuartige Kampagnengüter von besonderem Interesse. Die Suchmaschine Google überzeugte zur Markteinführung beispielsweise nicht nur durch hervorragende Suchergebnisse, sondern ebenso durch ihre Minimalistik. Waren die Websites anderer Suchmaschinen mittlerweile zu unübersichtlichen General Interest Portalen mutiert, bot Google wirklich nur das, wonach die Nutzer suchten. Das war außergewöhnlich.

Man muss natürlich nicht immer das Rad neu erfinden, um Originalität zu erreichen. Kurze Videoclips oder selbst ablaufende Präsentationen haben sich als gängige Dateiformate im Viral Marketing etabliert. Wählt man diese, kann man sich darauf konzentrieren, innovative und außergewöhnliche Inhalte zu entwickeln, anstatt zusätzlich Zeit und Elan auf die Entwicklung eines komplett eigenständigen Kampagnenguts aufzuwenden.

Beer Buzz Blowfly – die Faszination des ‚eigenen' Biers

In Europa sind sie eine Selbstverständlichkeit: Mittlere und kleine Brauereien, die kaum mehr als für den heimischen Markt oder die umliegende Region produzieren. In Australien sieht das anders aus. Zwar ist der australische Biermarkt groß, doch er wird dominiert von zwei großen Brauereien. Keine gute Aussicht also für den Markteintritt einer neuen Biermarke. Dennoch versuchten sich die Unternehmer um Liam Mulham mit einer originellen Idee und einem ausgefeilten Vermarktungsplan gegen die Großen durchzusetzen. Aber nicht etwa im direkten Wettbewerb: Das Ziel von Mulham war, eine neue Produkt-Kategorie zu schaffen: Das „Public-Beer" (dt. ungefähr = Volksbier).

Das Konzept zu „Blowfly" basiert auf der cleveren Idee einer finnischen Fußballmannschaft. Als diese nach einer miesen Saison abstieg, kaufte ein lokaler Unternehmer das Team und traf eine weit reichende Entscheidung. Nachdem der Trainer offensichtlich nichts am schwindenden Erfolg der Mannschaft ändern konnte, beschloss der neue Besitzer, den Zuschauern das Ruder zu übergeben. Über wichtige Entscheidungen (Aufstellung, Auswechslungen, etc.) sollte ab der nächsten Saison nicht mehr nur der Trainer befinden können, sondern auch die Fans per SMS.

Liam Mulham war von dieser Idee fasziniert: Blowfly sollte ein Bier werden, dessen Entwicklung alle interessierten Biertrinker(innen) mitbestimmen würden: Angefangen bei der Form der Bierflasche, über die Gestaltung des Logos bis hin zum Geschmack. Alle Entscheidungen sollten mit den Kunden geteilt werden. Jeder sollte hinterher das Gefühl haben, er trinke sein eigenes Bier.

Die Idee war so originell und ungewöhnlich, dass sich Tausende an der „Entwicklung" des Biers beteiligten: Innerhalb kurzer Zeit wurde Blowfly zu einem etablierten Szene-Getränk.

Mehr zu dieser Fallstudie ab Seite 148.

4.2.3 Außergewöhnliche Nützlichkeit

Kampagnengüter müssen nicht immer unterhaltsam sein, um Empfehlungen auszulösen. Neben Spaß und Vergnügen spielt ebenfalls der Nutzwert eines Produktes oder einer Dienstleistung eine große Rolle. Natürlich hat auch eine lustige Geschichte einen bestimmten Nutzen – sie bringt uns schließlich zum Lachen – mit außergewöhnlicher Nützlichkeit sind an dieser Stelle jedoch vielmehr Kampagnengüter gemeint, die ohne Unterhaltungselemente auskommen können. Hierzu zählen hilfreiche Websites, zweckdienliche Dokumente (wie z.B. Musterbriefe, Vorlagen, Ratgeber, etc.) oder kleine Tools und Programme.

Während des Irak-Kriegs bot das ZDF beispielsweise einen Nachrichtenbildschirmschoner an. Anders als andere Programme dieser Art zeigte der Schoner der heute-Sendung jedoch nicht springende Bälle oder Rohre, sondern baute in regelmäßigen Abständen eine Verbindung zum Internet auf. Hierüber lud der Bildschirmschoner die neuesten Nachrichten herunter und blendete sie bei längeren Pausen des Benutzers als Teaser auf dem Desktop ein. Wen eine der Nachrichten interessierte, der konnte mit einem Klick auf den Titel direkt das Portal der heute-Sendung besuchen und sich dort genauer mit dem Thema auseinandersetzen.

Hotmail – Erfolg durch Nutzen

Wer sich mit Viral Marketing beschäftigt, stößt unausweichlich auf den Namen: Hotmail.com. Der kostenlose E-Mail-Dienst gilt als Paradebeispiel für das gezielte Auslösen von Mund-zu-Mund-Propaganda. Mit einem nicht erwähnenswerten Werbebudget gelang es dem Startup innerhalb von nur eineinhalb Jahren zwölf Millionen Nutzer zu akquirieren

Das clevere Hotmail-Konzept

Die Bekanntheit von Hotmail kam nicht von ungefähr. Der Erfolg des E-Mail-Dienstes basierte auf einer 5stufigen Erfolgskette, deren Kern die Nutzung einer kostenlosen E-Mail-Adresse war:

Stufe 1: Interessierte Nutzer konnten bei Hotmail.com einen kostenlosen E-Mail-Account einrichten.

Stufe 2: Bei Versand einer Nachricht hängte der E-Mail-Dienst den kurzen Satz „Get your free e-Mail at Hotmail.com" an das Ende der Nachricht.

Stufe 3: Wenn der Empfänger die E-Mail abrief, las er diese kurze, klare Werbemitteilung,

Stufe 4: richtete sich bei Bedarf seinerseits einen kostenlosen Account ein und versendete ebenfalls Nachrichten, an die der gleiche Satz gehängt wurde

Stufe 5: und so weiter...

Innerhalb kürzester Zeit erfuhr Hotmail auf diese Art und Weise eine ungeheure Bekanntheit. Anfang 2005 verwaltete das Unternehmen mittlerweile über 187 Millionen Mitglieder-Accounts und erzielte weit über eine Milliarde Page Impressions im Monat (Quelle: MSN.de).

Mehr zu diesem Fallbeispiel ab Seite 99.

4.2.4 Kostenlose Bereitstellung (auch in Teilen)

Kostenpflichtige Elemente innerhalb einer viralen Kampagne sind vergleichbar mit einem Filter. Impulsive Handlungen werden kategorisch unterdrückt, da sich große Teile der Zielgruppe zunächst fragen, ob sich der Kauf überhaupt lohnen wird. Die Folge: Die Kampagne verebbt meistens, bevor sie überhaupt richtig angefangen hat.

Bezieht man das Internet in seine Kampagnenplanung mit ein, ergeben sich bei kostenpflichtigen Teilen weitere Schwierigkeiten: Wie schafft man eine vertrauenswürdige Atmosphäre? Welche Zahlungsmodalitäten werden von einem breiten Nutzerspektrum akzeptiert? Wie präsentiert man die Leistung? etc.

Erfolgreiche Kampagnengüter sind daher in der Regel kostenlos. Nur so erreicht man eine hinreichende Masse an Konsumenten, die die Botschaft weiter empfehlen und so multiplizieren können.

4.2.5 Einfache Übertragbarkeit

Zeit ist ein knappes Gut. Niemand erzählt heute gern eine komplizierte Geschichte, wartet lange auf einen Download oder harrt auf das Erscheinen einer
langsamen Website. Genauso wenig besorgt sich jemand zunächst ein Software-
Programm, mit dem er beispielsweise ein ungewöhnliches Videoformat betrachten kann.

Für das Viral Marketing ist es daher unabdingbar, dass sich ein Kampagnengut
leicht übertragen und weiterempfehlen lässt. In der Offline-Welt heißt dies, dass
Informationen über das Kampagnengut leicht wiedergegeben werden können.
Im Internet ist wichtig, dass bekannte und etablierte Kommunikationswege wie
„E-Mail" zur Übertragung der Botschaft geeignet sind.

Einfach weiterzuleiten – die Shock Spots von K-fee

Im wahrsten Sinne schockierend sind die kurzen Video Clips des Berliner
Getränkeherstellers K-fee. Als Fernsehkampagne geplant, wurden die von
der Werbeagentur Jung van Matt entwickelten Spots durch ihre originelle
Machart schnell ein Renner im Internet.

Alle K-fee Spots basierten auf dem gleichen Schema: Zunächst ist alles harmonisch, entspannt, ruhig. Ein Auto fährt beispielsweise die Serpentinen eines begrünten Hügels hinauf. Kurzzeitig verschwindet es hinter einem Heckenstück. Eigentlich ein stereotyper Autospot, wäre da nicht die Tatsache,
dass das Auto nicht wieder auftaucht. Wahrscheinlich kommt gleich ein witziger Slogan, denkt man sich... doch weit gefehlt. Was kommt, ist der blanke
Horror. Urplötzlich springt ein Zombie schreiend in die Szenerie. Schwarzes
Bild, pochender Herzschlag. „So wach warst Du noch nie" lautet der Slogan,
mit dem K-fee im Abspann den Bezug zum eigenen Kaffeegetränk herstellt.

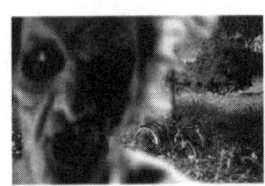

Quelle: www.k-fee.com

Abbildung 10: Grüne Wiese mit Zombie – ein Shock-Spot von K-fee

Insgesamt 6 Spots bot K-fee im Laufe der Kampagne auf seiner Website zum Download an. Um möglichst keine Nutzer mit langsameren Internetverbindungen auszuschließen und eine effektivere Verbreitung per E-Mail-Anhang zu ermöglichen, blieb man bei der Größe der Spots unter 0,6 MByte. Als Format wurde das von den meisten Video-Playern unterstützte MPEG-Format gewählt.

Innerhalb kurzer Zeit erreichte K-fee durch die leicht und schnell weiterzuleitenden „Shocker für Zwischendurch" über sieben Millionen Kontakte.

Mehr Details zu dieser Kampagne finden Sie in der K-fee Fallstudie ab Seite 120.

4.3 Rahmenbedingungen und Weiterempfehlungsanreize

Neben einem interessanten Kampagnengut sind auch die Rahmenbedingungen und etwaige Weiterempfehlungsanreize für den Erfolg einer viralen Kampagne entscheidend. Nur wer

- bestehende **Kommunikationsnetze und Verhaltensmuster** nutzt,
- eine **ausreichende Verfügbarkeit** seines Kampagnenguts sicherstellt,
- eine **offene Informationspolitik** betreibt und
- gezielt **Anreize zur Weiterempfehlung** schafft,

sichert eine schnelle Verbreitung seines Marketingvirus und einen kontrollierbaren Empfehlungsprozess.

4.3.1 Kommunikationsnetze und Verhaltensmuster

Damit Viral Marketing funktioniert, sind zwei Kommunikationsaspekte essenziell: Der Zielgruppe muss es leicht fallen, sich über das Kampagnengut auszutauschen und jeder Einzelne muss sich im Empfehlungsprozess wohl fühlen. Bei einer viralen Kampagne müssen diese beiden Elemente bereits im Vorfeld in die Planung einbezogen werden.

Menschen kommunizieren in der Regel alle über dieselben Kommunikationswege (wie Telefon, E-Mail oder Post) mit fast immer den gleichen Verhaltensweisen. Dennoch eignet sich nicht jede Botschaft für jedes Medium. Manchmal fällt es der Zielgruppe auch einfach schwer, über ein einzigartiges und originelles Kampagnengut zu sprechen, wenn es nichts Vergleichbares gibt und dadurch Beschreibungsversuche fehlschlagen.

Der Erfolg von Free-E-Mail Anbietern wie Hotmail oder GMX basierte zum großen Teil darauf, dass es sehr simpel ist, anderen von den Vorzügen zu erzählen: „Kostenlose E-Mail-Adresse? Versuch's doch mal bei GMX.de"

Für das Viral Marketing ist es entscheidend zu testen, ob sich Informationen über das Kampagnengut einfach und bequem über verschiedene Medien weitergeben lassen. Unter anderem müssen dabei die folgenden Fragen beantwortet werden:

- Würde die Zielgruppe das Kampagnengut weiterempfehlen?
- Unter welchen Umständen würde sie das Kampagnengut weiterempfehlen?
- Auf welche Art und Weise würde die Zielgruppe das Kampagnengut weiterempfehlen?
- Fällt der Zielgruppe das Empfehlen leicht?
- etc.

Häufig reicht es schon aus, seinen Marketingvirus einer kleinen Gruppe von Personen vorzustellen (beispielsweise Freunden und Bekannten), um mögliche Unklarheiten oder Probleme zu erkennen.

4.3.2 Verfügbarkeit

Virale Kampagnen zielen darauf ab, innerhalb kurzer Zeit möglichst viele Kontakte zu erzielen. Die häufig exponenziell wachsende Zahl der beteiligten Menschen wird dabei jedoch oft unterschätzt. Viele Unternehmen können so gerade am Höhepunkt der viralen Verbreitung nicht die Nachfrage der Konsumenten decken. Während des Rummels um den legendären „Wackel-Elvis" – vorgestellt in einem Fernsehspot – versuchten Tausende Konsumenten vergeblich eine der wenigen im Handel verfügbaren „Rückspiegel-Puppen" zu ergattern. Schnell erkannten andere Hersteller die Knappheit und bedienten den Markt. Da Audi das Interesse an der tanzenden Elvis-Kopie nicht zeitnah auf seine Marke kanalisieren konnte, ist die Verbindung zwischen Audi und dem Remake der Hüften schwingenden Rocklegende aus Plastik heute kaum jemandem mehr bekannt.

Vor allem im Internet ist die Verfügbarkeit ein entscheidender Faktor. Drängen Tausende von Nutzer gleichzeitig auf einen Server, zwingt dies so manchen Rechner in die Knie. Bietet man beispielsweise eine Datei zum Download an, so

sind Instanzen zur optimalen Lastverteilung und zur Performance-Sicherung bei
Besucheransturm daher unabdingbar.

4.3.3 Informationspolitik und Public Relations

Medienberichterstattungen stellen einen enormen Multiplikator dar. Berichtet
ein bekanntes Magazin über ein Kampagnengut, so erfahren auf einen Schlag
Tausende von Menschen darüber. Reichweiten, die über reine Mund-zu-Mund-
Propaganda erst nach Wochen erzielt werden können, sind so quasi über Nacht
möglich.

In der Regel berichten Magazine, Zeitungen und das Fernsehen erst sehr spät
über Kampagnengüter. Spiegel Online schrieb beispielsweise erst über den
Wahlaufruf zur „Dietmar Hamann Bridge", als die Abstimmung kurz vor dem
Ende stand. Ein ähnliches Beispiel ist das Spiel „Moorhuhn". Als das lustige
Vögel-Schießen bereits zur häufigsten Pausenbeschäftigung in vielen Abteilun-
gen großer Unternehmen geworden war, kam jemand auf die Idee, dass das
Spielen während der Arbeitszeit vielleicht zu Milliarden Verlusten führen könnte. Plötzlich wurden die Medien hellhörig, und die Zeitungen füllten sich mit
Artikeln über den viralen Klassiker. Auch wenn die Berichte durchgehend negativ waren, stieg der Bekanntheitsgrad des Spiels abermals und noch mehr Spieler erfreuten sich am „Hühnerjagen".

Generell funktioniert die professionelle Integration von Medien über gezielte
Pressearbeit im Rahmen einer viralen Kampagne nur selten. Meistens erkennen
Journalisten und Redakteure die „Anziehungskraft", die von einem gut gemach-
ten Kampagnengut ausgehen könnte, nicht. Dies ist ihnen auch nicht zu ver-
übeln. Zeitungen und Magazine sind darauf spezialisiert, über neue Trends zu
berichten, nicht darauf, neue zu entwickeln.

Dennoch muss man darauf vorbereitet sein, wenn die Medien auf das eigene
Kampagnengut aufmerksam werden. Gleich zum Start der viralen Kampagne
müssen deshalb Pressemitteilungen, Feature-Listen, Abrufzahlen (ständig aktualisiert) und Ähnliches bereit stehen, um Journalisten die Recherche-Arbeit zu
erleichtern.

Der passive Umgang mit der Presse hat noch einen weiteren Vorteil: Entdeckt
ein Redakteur selbst ein Kampagnengut, so ist der daraus entstehende Artikel
meist wesentlich authentischer und besser positioniert, als wenn er über ein
Unternehmen aktiv angeregt wurde.

4.3.4 Weiterempfehlungsanreize

Motivation spielt im Empfehlungsprozess eine wichtige Rolle. Ein interessantes Kampagnengut sollte zwar immer genügend Anreize liefern, Mund-zu-Mund-Propaganda auszulösen, Belohnungen können jedoch noch das letzte I-Tüpfelchen liefern, um eine unschlüssige Person zu überzeugen. Viele virale Kampagnen bieten daher den teilnehmenden Nutzern Prämien für ihre Empfehlungsarbeit. Bekannte Formen der Belohnung sind beispielsweise kostenlose Boni, Rabattgutscheine oder die Teilnahme an Gewinnspielen.

Damit Belohnungen tatsächlich einen zusätzlichen Anreiz für Weiterempfehlungen darstellen, müssen sie wertvoll sein. Wertvoll in diesem Zusammenhang ist aber nicht gleichbedeutend mit teuer. Viel wichtiger ist ein direkter Zusammenhang mit dem eigenen Unternehmen und den Vorlieben der Zielgruppe. Ein MP3-Player spricht fast jeden an, ein Buchgutschein für naturwissenschaftliche Literatur nur ein ganz spezielle Zielgruppe.

Das nordamerikanische Lederfachgeschäft Danier verloste im Rahmen seiner viralen Kampagne zum Beispiel täglich einen Einkaufsgutschein über 500,00 Dollar unter allen teilnehmenden Personen. Damit schlug das Unternehmen gleich drei Fliegen mit einer Klappe:

- **Kosteneinsparung** – Da Lederwaren hohe Gewinnspannen haben, lagen die *Nettowerbeausgaben* nur bei circa der Hälfte der ausgeschriebenen Belohnung.
- **Selbstselektion** – Danier integrierte über die sehr spezifische Belohnung indirekt einen natürlichen *Filter* in die Kampagne: Es gaben nur Nutzer Empfehlungen für das Geschäft ab, die ein Interesse an Lederartikeln hatten, denn nur diese konnten mit dem Einkaufsgutschein etwas anfangen. Von den Konsumenten, die wiederum die Empfehlung erhielten, besuchten nur diejenigen die Website des Ledergeschäfts, die sich ebenfalls für Lederwaren interessierten. Eine weitere Empfehlung wurde wiederum nur von denen abgegeben, die auch das Angebot von Danier gut fanden... und so weiter.
- **Neukundengewinnung** – Alle Gewinner des Gutscheins wurden automatisch zu Kunden des Ledergeschäfts. Sie lernten die Qualität der Produkte kennen und konnten sich mit Auswahl und Qualität des Angebots vertraut machen. Folgekäufe dieser Neukunden sind aus Marketingsicht sehr wahrscheinlich.

Grenzen und Restriktionen

Weiterempfehlungsanreize bergen in sich immer auch ein Missbrauchsrisiko. Erkennt jemand, dass er das System zu seinen Gunsten einsetzen kann, um dadurch beispielsweise eine spezifische Belohnung mehrfach zu erhalten, so sind die Chancen hoch, dass er dies auch ausnutzt. Dies mag auf den ersten Blick nicht negativ erscheinen, schließlich erhält man dadurch ja auch mehr Empfehlungen. Die sozialen Netzwerke eines jeden Menschen sind jedoch begrenzt. Und diese Grenzen sind selbst im Internet schnell erreicht. Sind die Anreize groß genug, wird sich ein gewiefter Konsument mit Sicherheit etwas einfallen lassen, um sich auch für weitere Belohungen zu qualifizieren. Sei es, dass er sich unter verschiedenen Pseudonymen anmeldet und die gleichen Kontakte anschreibt oder dass er schlicht und einfach Adressen fälscht.

Vor allem im World Wide Web können attraktive Belohnungen problematisch werden. Nämlich, wenn sie ein heikles Klientel anziehen: Spammer. Diese verfügen über Millionen von (illegalen) Kontakten, welche innerhalb von Stunden angeschrieben sind. Auch wenn Sie hinterher beweisen können, dass die Empfehlungen nicht rechtmäßig vonstatten gegangen sind und Sie die damit zusammenhängenden Belohnungen letztendlich nicht ausschütten müssen, kann ein enormer Image-Schaden entstehen. Hunderttausende von Menschen ärgern sich über den Müll in ihren Postfächern. Dass das Ganze Werk eines Spammers war, ist hinterher für die wenigsten der Betroffen nachvollziehbar.

Ein anderes Problem kann auftreten, wenn Belohnungen für jeden ohne Auflagen zugänglich sind. Das amerikanische Unternehmen „Aladdin Knowledge Systems" lobte als Anreiz zur Teilnahme an einer Umfrage beispielsweise für jeden Teilnehmer einen Amazon-Einkaufsgutschein aus. Ziel war es, die Response-Rate eines Werbeschreibens zu steigern. Das Konzept ging auf. Doch was die Initiatoren der Umfrage nicht geahnt hatten, war, wie gut. Obwohl nur 6 000 Empfänger angeschrieben wurden, füllten innerhalb weniger Tage über 15 000 Konsumenten den Online-Fragebogen aus und erwarteten Gutscheine im Wert von über 200 000 Dollar.

Damit Weiterempfehlungsanreize den beabsichtigten Zweck erfüllen, muss vorher festgelegt werden, was die angesprochenen Personen tun sollen, um sich für eine Prämie zu qualifizieren. Soll jeder Konsument teilnehmen können – unabhängig davon, wie vielen Freunden und Bekannten er vom Kampagnengut berichtet – oder sollen nur Personen partizipieren können, die beispielsweise Empfehlungen an mehr als drei weitere Menschen aussprechen?

Weiterempfehlungsanreize in Form von Prämien oder Belohnungen müssen zudem klare Restriktionen aufweisen, die Missbrauchsversuche und exzessive

Ausnutzung erschweren, gleichzeitig jedoch keine ehrlichen Teilnehmer verschrecken. Je nach dem, welche Rolle die Belohnung im Empfehlungsprozess spielen soll, muss ein passendes Regelwerk integriert werden. Über eines muss man sich jedoch im Klaren sein: Restriktionen stellen nur einen Kompromiss dar und bremsen fast immer den Empfehlungsprozess aus.

Gewinnspiel mit viralem Effekt – Singapore Airlines eCard Wettbewerb

Weiterempfehlungsanreize können auch elementarer Bestandteil einer viralen Kampagne werden. Zur Einführung der Flugroute Singapur-Chicago investierte Singapore Airlines in ein umfangreiches Werbepaket mit TV-Spots und Anzeigen in bekannten Magazinen. Ein kleiner Teil der Kampagne umfasste ein Bannerkontingent auf CNN, mit dem man die Möglichkeiten der Online-Werbung testen und gleichzeitig eine Mailingliste aufbauen wollte. Mittel zum Zweck war ein Gewinnspiel. Der Preis: drei Business Class Tickets für einen Flug nach Wahl mit Singapore Airlines.

Anstatt jedoch nur Adressen von den teilnehmenden Nutzern zu sammeln, entschied sich die Fluglinie, das Gewinnspiel mit einem Wettbewerb zu verknüpfen. Wer eine virtuelle Ansichtskarte mit einem Chicago Motiv an zumindest einen Freund oder Bekannten sandte, konnte seine Gewinnchancen erhöhen (bis zu einem Limit von 50 eCards).

Die virale Aktion war ein voller Erfolg. Innerhalb der achtwöchigen Kampagne versendeten die Teilnehmer über zwei Millionen eCards, von denen über 1,5 Millionen Karten gesehen bzw. von den Empfängern vom Server abgerufen wurden. Insgesamt nahmen 360 000 Nutzer aus 200 Ländern am Gewinnspiel teil. Davon wählten 80 Prozent sogar die Option, in der Zukunft weitere Informationen von Singapore Airlines zu wünschen.

Mehr Details dieses Fallbeispiels finden Sie ab Seite 179.

Trotzreaktionen und Weiterempfehlungsanreize

Belohnungen können den ursprünglich beabsichtigten Effekt auch konterkarieren. Dies geschieht immer dann, wenn die angesprochenen Personen glauben, vor den Karren eines Unternehmens gespannt zu werden. Bekommt man von einer Firma etwas geschenkt, gehen bei vielen Menschen die Alarmleuchten auf Rot: Der will mir was verkaufen. Genau in solchen Situationen handeln Menschen oft aus Trotz genau gegensätzlich zu dem, was das Unternehmen beabsichtigt. Diese Reaktanz ist eine häufig unterschätzte Folge auf Geschenke von Unternehmen. Es ist daher wichtig, mit seinen Prämien keinen übertriebenen gewerblichen Anschein zu erwecken.

Verfolgt die ganze Kampagne hingegen einen klaren kommerziellen Zweck, so ist es sinnvoll, dies den Konsumenten von Beginn an mitzuteilen. Finanzielle Weiterempfehlungsanreize werden dann auch wesentlich eher akzeptiert. Schwierig für Konsumenten sind vor allem Situationen der Unsicherheit, in denen sie nicht klar erkennen können, was hinter der Belohnung steht.

4.4   Etablierte Kampagnengüterformate on- und offline

Nachfolgend werden – abhängig vom Format – gängige Kampagnengüter in ihrer Eignung für unterschiedliche virale Zwecke dargestellt. Die Übersicht erhebt dabei keinen Anspruch auf Vollständigkeit. Generell eignen sich auch viele andere Formate als Träger eines Marketingvirus. Und es kann sich durchaus lohnen, ein wenig experimentierfreudig zu sein, um seinem Zielpublikum etwas Neues und wirklich Einzigartiges bieten zu können.

Es wird darauf verzichtet, näher auf die einzelnen Formate einzugehen. Bezüglich der spezifischen Ausgestaltungsmöglichkeiten sei auf die zuvor analysierten Kernelemente des Viral Marketing und die Fallbeispiele zum Ende dieses Buches verwiesen.

	Multi-media-lität	offline nutzbar	Inter-aktivität	Persona-lisierbar-keit / Individua-lisierbar-keit	Erfordert besondere technische Voraus-setzungen beim Empfänger
Dokumente					
Word	Marginal	Ja	Marginal	Ja	Marginal
Excel	Marginal	Ja	Ja	Ja	Marginal
PDF	Nein	Ja	Marginal	Nein	Marginal
Animationen					
PowerPoint Präsentation	Ja	Ja	Marginal	Nein	Marginal
Flash oder Shockwave	Ja	Ja	Ja	Marginal	Ja
eCards	Ja	Nein	Ja	Ja	Nein
Videos					
Stream	Ja	Nein	Nein	Nein	abhängig vom Format
Datei	Ja	Ja	Nein	Nein	abhängig vom Format
Spiele					
Online	Ja	Ja	Ja	Nein	Ja
Offline	Ja	Nein	Ja	Nein	Nein
Ereignisse					
Events	Ja / Nein	Ja	Ja	Nein	Ja / Nein
Gerüchte	Nein	Ja	Nein	Nein	Nein
Negativ-Nachrichten	Nein	Ja	Nein	Nein	Nein

Abbildung 11: Übersicht etablierter Kampagnengüterformate on- und offline

Zusammenfassung

- Die Kernelemente einer Viral-Marketing-Kampagne sind ein ansprechendes Kampagnengut, effizient gestaltete Rahmenbedingungen und motivierende Weiterempfehlungsanreize.

- Vergnügen, Unterhaltung und Spaß stellen neben dem gebotenen Nutzen die wesentlichen Erfolgsfaktoren eines Kampagnenguts dar.

- Nur neue und einzigartige Ideen haben das Potenzial, zu einer sozialen Epidemie heranzuwachsen.

- Wichtige Voraussetzung für gute Kampagnenergebnisse ist die kostenlose Bereitstellung des Kampagnenguts (zumindest in Teilen). Dadurch wird eine reichweitenstarke Verbreitung gewährleistet.

- Die einfache Übertragbarkeit des Kampagnenguts (verbal und nonverbal) ist die Grundvoraussetzung für einen effizienten Empfehlungsprozess.

- Eine erfolgreiche Viral-Marketing-Kampagne nutzt die Vorteile bestehender Kommunikationsnetze und instrumentalisiert gängige Verhaltensmuster der Zielgruppe.

- Die Sicherstellung der physischen und virtuellen Verfügbarkeit eines Kampagnenguts muss auch bei einem unerwartet großen Erfolg der Kampagne sichergestellt sein.

- Eine offene Informationspolitik gegenüber der Presse sorgt für Glaubwürdigkeit und unterstützt die Verbreitung des Kampagnenguts vor allem in späten Kampagnenphasen.

- Weiterempfehlungsanreize bergen nicht nur Chancen, sondern auch erhebliche Risiken. Sie bedürfen daher einer gründlichen Planung. Generell sind Prämien im Empfehlungsprozess nur effektiv, wenn sie für die Zielgruppe als wertvoll erscheinen und einen Bezug zum Unternehmen haben.

Weiterführende Literatur und Websites

Internetquellen zu den vorgestellten Kampagnengütern:

- Bundesdance, die deutsche Botschaft – www.bundesdance.com
- Ford Sportka, the Ka's evil twin – www.the-eviltwin.co.uk
- Star Wars Gangsta Rap – www.atomfilms.com/af/content/gangsta_rap

- Panzers Phase One Viral Spot „Heavyweight Player" –
  www.maverickmedia.co.uk bzw. www.viralchart.com
- Nachrichtenbildschirmschoner der heute-Sendung – www.heute.de
- Der Wackel-Elvis Spot von Audi – www.audi.de
- DSF Viral Spots – www.dialog-solutions.de/viral-clips.php
- K-fee Viral Spots – www.k-fee.com
- Blowfly Beer Buzz – www.blowfly.com.au
- Hotmail – www.hotmail.com
- Informationen zum viralen eCard-Wettbewerb der Singapore Airlines –
  www.webguruasia.com und www.e-consultancy.com
- Lederfachgeschäft Danier – www.danier.com
- Informationen zum „Aladdin Knowledge System" Beispiel –
  http://library.marketingsherpa.com/barrier.cfm?ContentID=2119

5. Planung und Umsetzung einer Viral-Marketing-Kampagne

In diesem Kapitel erhalten Sie Antworten auf folgende Fragen:

- Welche elementaren Grundarten viraler Kampagnen gibt es?
- Welche Ziele kann man über Viral Marketing erreichen?
- Warum ist eine Zielgruppenanalyse für das Viral Marketing wichtig?
- Was sind sinnvolle Wirte und Überträger für einen Marketingvirus?
- Wie wird das Kampagnengut am effektivsten gestreut (verbreitet)?

Wie jede andere Marketingmaßnahme müssen auch Viral-Marketing-Kampagnen gründlich vorbereitet, geplant und getestet werden, bevor man seinen „Virus" unter die Leute bringen kann. Eindeutige Ziele und eine klar definierte Zielgruppe sind ebenso notwendig für eine aussagekräftige Erfolgssicherung und -messung wie eine stringente und überlegte Schrittfolge bei der Kampagnenvorbereitung und dem Kampagnenstart.

5.1 Grundarten von Viral-Marketing-Kampagnen

Virale Kampagnen lassen sich in Abhängigkeit zur Zielsetzung in drei Grundkategorien unterteilen. Je nachdem, welche Ziele mit der Marketingmaßnahme verfolgt werden und je nachdem, wie auf den Konsumenten zugegangen werden soll, eignet sich mehr ein Mehrwert orientierter, ein instrumenteller oder eher ein Anreiz orientierter Ansatz. Die einzelnen Kategorien lassen sich wie folgt charakterisieren:

- **Mehrwert orientierte Kampagnen** – Konzentrieren sich auf ein Kampagnengut, das möglichst viele Menschen anspricht, sehr leicht weiterzuleiten ist und dadurch eine sehr schnelle Verbreitung findet. „Mehrwert" heißt, dass die viralen Werbeinhalte so gestaltet sind, dass sie dem Konsumenten einen hohen Wert und Nutzen bieten, wenn er mit ihnen interagiert. Ein Mehrwert orientiertes Kampagnengut ist beispielsweise ein lustiges Video, eine selbstlaufende Präsentation oder ein kostenloses Software-Tool. Die starke Fokussierung auf den Nutz- bzw. Unterhaltungswert für den Konsumenten schränkt jedoch den Entscheidungsspielraum möglicher Zielsetzungen ein. Mehrwert orientierte Kampagnen zielen daher nur bedingt darauf ab, konkrete Kaufhandlungen beim Konsumenten auszulösen. Häufiges Ziel ist die Steigerung der Markenbekanntheit durch beispielsweise Einblendung eines Markennamens im Empfehlungsprozess oder im Rahmen der Nutzung z.b. am Ende eines Videos.

- **Instrumentelle Kampagnen** – Instrumentalisieren ein Kampagnengut, um handfestere Marketing-Ziele zu erreichen. Hierzu zählt u.a., persönliche Daten des Konsumenten zu gewinnen oder regelrecht Produkte zu verkaufen. Dafür ist es notwendig einen passenden Trade-off zwischen den vom Konsumenten abverlangten Handlungen und dem Nutzen des Kampagnenguts zu finden. Sind die (Opportunitäts-)Kosten im Verhältnis zum wahrgenommenen Wert des Empfehlungsobjekts zu hoch, verläuft eine Kampagne schnell im Sand. Häufig instrumentalisierte Empfehlungsobjekte sind beispielsweise eCards, die nur unter Angabe von ein paar persönlichen Daten verschickt werden können.

- **Anreiz orientierte Kampagnen** – Fokussieren hauptsächlich auf Prämien und Belohnungen, um den Empfehlungsprozess in Gang zu setzen, und weniger auf ein interessantes Kampagnengut. Ziel ist es, dass Mund-zu-Mund-Propaganda am besten zu beiden Objekten, Belohnung und Kampagnengut, entsteht. Tenor: „Lad Dir doch mal das X-Graph Statistik-Tool als 100 Tage-Trial herunter. Ist echt gut und außerdem bekommst Du das bekannte Statistik-Grundlagenwerk von Prof. Meier als eBook kostenlos dazu."

In Abbildung 12 werden die verschiedenen Arten viraler Kampagnen in Abhängigkeit zur Marketing-Zielsetzung dargestellt. Die Differenzierung dient jedoch nur zur vereinfachten Übersicht. In der Praxis verfolgen beispielsweise Mehrwert orientierte Kampagnen häufig auch Kundengewinnungsabsichten und Anreiz orientierte Kampagnen z.B. auch Markenbekanntheitsziele.

Grund-arten	Zielsetzung	Weiter-empfehlungs-anreize	Empfehlungs-motivation	Erfolgsfaktoren
Mehr-wert orien-tiert	Marken-bekanntheit	Nein (Ja)	teilbares Erlebnis	wird von einer breiten Masse wahrgenommen, leicht weiterzu-leiten, geringer werblicher Inhalt
instru-mentell	Gewinnung von Kundenin-formationen Produktkauf/ Dienstleistungs-erwerb	Nein (Ja)	teilbares Erlebnis	niedrige (Oppor-tunitäts-) Kosten für die Nutzung des Kampagnenguts im Verhältnis zum Erlebnis
Anreiz orien-tiert	Gewinnung von Kundenin-formationen Produktkauf/ Dienstleistungs-erwerb	Ja	Qualifizierung für eine Beloh-nung	Wert, Qualität und Unmittelbarkeit der Belohnung

Abbildung 12: Grundarten von Viral-Marketing-Kampagnen auf einen Blick

5.2 Ziele und Zielgruppen

Die Basis jeder viralen Kampagne ist die Formulierung von eindeutigen Zielen und die Bestimmung einer adäquaten Zielgruppe: Was soll mit der Kampagne erreicht werden und vor allem wer? Sollen die Abverkäufe bei A-Kunden er-höht, die Markenbekanntheit generell gesteigert oder vielleicht sogar beides erreicht werden? Je nachdem, was die Kernziele und -zielgruppen der Kampag-ne sind, muss nicht nur die Grundart der Kampagne bestimmt werden, sondern ebenso der Marketingvirus individuell unterschiedlich ausgestaltet werden.

Die drei wichtigsten Zielbereiche viraler Kampagnen sind:

■ **Steigerung der Markenbekanntheit (Brand Awareness)** – Dies ist das häufigste Ziel einer viralen Kampagne. Das Tauschen eines lustigen Werbe-spots, der Versand einer „gebrandeten" eCard oder das Zocken eines Adga-mes. Das alles sind Kampagnenprozesse, die hauptsächlich dazu dienen, die

Markenbekanntheit zu erhöhen. Unbewusst sollen sich die Konsumenten mit Unternehmen, Produkt oder Dienstleistung auseinandersetzen, während sie das Kampagnengut nutzen oder sich davon unterhalten lassen.

■ **Gewinnung von Kundeninformationen** – Im Rahmen der Kampagne persönliche Daten der Teilnehmer zu gewinnen, ist das zweithäufigste Ziel viraler Marketingbestrebungen. Hierzu wird in der Regel eine Hürde in den Empfehlungsprozess integriert, bei der vor der Nutzung des Kampagnenguts ein paar Daten vom Konsumenten abgefragt werden. Ein Verlag könnte beispielsweise den Download eines kostenlosen Ratgebers mit der freiwilligen Anmeldung am Newsletter verknüpfen und dadurch neue Interessenten gewinnen.

■ **Leistungserwerb** – Letztendlich kann ein Marketingvirus auch dazu eingesetzt werden, die Produktverkäufe zu erhöhen. Dies funktioniert jedoch häufig nur indirekt, z.B. wenn die Nutzer Gefallen am Kampagnengut finden und es in einer erweiterten Version kostenpflichtig beziehen (Beispiel: kostenlose E-Mail-Adresse und kostenpflichtiger E-Mail-Premium-Dienst bei Anbietern wie GMX, web.de oder Hotmail). Gängig ist auch, dass ein Produkt als Kampagnengut kostenlos veröffentlicht wird und alle nachfolgenden Auflagen und Versionen nur gegen Gebühr erhältlich sind – wie etwa das Spiel „Sven Bomwøllen" von bild.t-online.de, das mittlerweile in der vierten Revision für 4,90 Euro erschienen ist und über 3,5 Millionen Downloads zählt (sven.bild.de).

5.2.1 Eindeutige und messbare Ziele

Ebenso wichtig wie eine klare Zielsetzung ist die Formulierung von messbaren Zielaussagen. Nur präzise Erfolgskriterien ermöglichen später Stellungnahmen über das Gelingen oder Misslingen einer Kampagne.

Bei der Formulierung von eindeutigen Zielen muss darauf geachtet werden, dass die einzelnen Haupt- und Teilziele der Kampagne …

■ eindeutig,
■ messbar,
■ erreichbar,
■ realistisch und
■ zeitlich machbar

… sind. Nur so lässt sich eine effektive Erfolgsmessung gewährleisten.

Zu Kennzahlen, die einen konkreten Erfolg widerspiegeln, zählen beispielsweise Seitenabrufe der Website im Kampagnenzeitraum, Verkäufe pro Tag oder die

Anzahl der Informationsanfragen. Nicht brauchbar sind generelle Zielsetzungen, wie die Steigerung der Markenbekanntheit, die Erhöhung der Abverkäufe oder die Gewinnung von Konsumenteninformationen. Diese Ziele müssen erst auf ein messbares Niveau herunter gebrochen werden.

Eine sinnvolle Herangehensweise kann es sein zu überlegen, was Sie oder Ihre Vorgesetzten am Ende der Kampagne glücklich machen würde:

- 20 000 Sichtkontakte der Marke?
- 1 000 neue Newsletter-Abonnenten?
- 20 Prozent mehr Verkäufe während der Kampagne?
- 500 aussagekräftige Adressdatensätze?
- etc.

Solche Überlegungen lassen sich relativ leicht in Zahlen fassen. Wichtig ist jedoch immer, dass die formulierten Kennzahlen hinterher auch eindeutig dem Effekt der viralen Kampagne zugeordnet werden können. Ansonsten ist keine Erfolgsmessung möglich (zur Erfolgsmessung vergleiche Kapitel 6).

5.2.2 Zielgruppen

Ist ein Marketingvirus erst einmal von der Leine gelassen, so ist es schwer, ihn wieder unter Kontrolle zu bekommen. Dies wiegt umso schwerer, wenn man eine bestimmte Zielgruppe ansprechen wollte, sich diese aber gar nicht unter den Empfängern der konsumentenseitigen Weiterempfehlungen befindet. Aus diesem Grund ist es notwendig, bereits im Rahmen der Entwicklung von Zielen und Erfolgsmaßstäben anvisierte Zielgruppen zu definieren. Denn gerade die Menschen, die Ihre virale Botschaft als erste erhalten, entscheiden darüber, wie und ob sich der Empfehlungsprozess weiterentwickelt.

Gefällt den angesprochenen Konsumenten das Kampagnengut nicht, werden sie es auch nicht weiterempfehlen. Stößt das Empfehlungsobjekt jedoch auf ein hinreichendes Interesse der Zielgruppe, dann empfiehlt sie es wahrscheinlich auch weiter. Das Gute daran: Die weitere zielgenaue Verbreitung erledigt sich dann von selbst. Der kontaktierte Konsument wählt von ganz alleine Freunde und Bekannte aus, die sich für das Kampagnengut interessieren könnten und spricht nur diesen seine Empfehlung aus. Anfang 2005 machte ein Word-Dokument die Runde, in dem ein anonymer Elektrotechnik-Promovend seine grotesken Erlebnisse auf dem Arbeitsamt schilderte. Weitergeleitet wurde dieser Bericht natürlich hauptsächlich von Akademikern, denn nur diese konnten sich in den Protagonisten hineinversetzen und von Herzen lachen.

Zielgruppenanalyse

Damit man gleich zu Beginn seiner Kampagne die passenden Konsumenten anspricht, ist eine Analyse der anvisierten Zielgruppe notwendig.

Richtet sich die Kampagne an Konsumenten ähnlich dem bisherigen Kundenstamm, so kann es ausreichen, das Kampagnengut ein paar ausgewählten Kunden testweise zur Verfügung zu stellen. Schnell erfährt man auf diese Art und Weise von Unstimmigkeiten in der Präsentation oder von Verbesserungen in Sachen Benutzerfreundlichkeit. Zudem kann die Befragung der „Testnutzer" auch helfen zu ergründen, welche Aspekte für oder gegen eine Empfehlung des Kampagnenguts sprechen würden.

Besteht kein Kundenstamm oder richtet sich die virale Kampagne an eine neue Zielgruppe, so ist es zunächst ratsam, Studien und Berichte über den Zielmarkt auszuwerten:

- Wofür interessieren sich die anvisierten Personen?
- Was bereitet ihnen Spaß?
- Welche Medien nutzen sie?
- etc.

Sinnvoll ist auch die Lektüre von zielgruppennahen Zeitschriften bzw. der Besuch von zielgruppenspezifischen Veranstaltungen, Messen und Fachtagungen. Dadurch gewinnt man relativ schnell ein Gefühl dafür, wie die Zielgruppe „tickt", denkt und kommuniziert.

Um ganz sicher zu gehen, sind mehrere Testläufe unterschiedlicher Ideen mit einer repräsentativen Stichprobe aus dem Zielpublikum sinnvoll. Solche Tests sind in der Regel kostspielig, können sich aber bei viralen Großprojekten wahrhaft auszahlen. Denn häufig scheitern Marketingviren an Kleinigkeiten: Ein Wort des Anschreibens ist nicht griffig genug, der Link zum Download wird umgebrochen, der Titel ist widersprüchlich, Handlungsanreize fehlen etc. Auch die Kernidee der ganzen Kampagne kann ungeeignet sein, um bei der anvisierten Zielgruppe Mund-zu-Mund-Propaganda auszulösen. Es lohnt sich daher immer, umfangreiche Zielgruppentests durchzuführen. Denn nur mit Hilfe der Marktforschung lassen sich versteckte Stolpersteine erkennen und frühzeitig beseitigen. Das Testen von viralen Kampagnengütern im Zielmarkt ist zudem ökonomisch sinnvoll. Da die Kosten für die Verbreitung der Werbebotschaft durch Anzeigen, TV-Spots oder Plakate wegfallen, können die freien Ressourcen teilweise für die Marktforschung genutzt werden.

Manchmal reicht es auch aus, seinem eigenen Menschenverstand zu vertrauen. Viele clevere Ideen im Viral Marketing entstammten den kreativen Köpfen ihrer

Erschaffer und wurden nie vorher getestet. Manche Menschen haben einfach ein Gespür dafür, was die Massen fasziniert, und sind in der Lage, dies auch brillant in ihre Kommunikationsstrategien und -maßnahmen zu integrieren. Dennoch birgt so ein Vorgehen immer auch Risiken. Denn viel zu oft wird Glück mit kreativer Leistung verwechselt. Wer sich des Potenzials seiner Ideen nicht hundertprozentig sicher ist, sollte zumindest immer eine „Family & Friends"-Befragung organisieren. Hierbei stellen Sie Ihre Ideen und Ihr Kampagnengut Bekannten und Verwandten vor. Auch wenn Sie kein Budget oder keine Zeit für Marktforschung haben, sollte dieses einfache Mittel der Potenzialeinschätzung immer genutzt werden.

Achten Sie bei allen Testläufen auch darauf, ob Männer und Frauen unterschiedlich auf das Kampagnengut reagieren. Ein Spiel wie „Sven Bomwøllen", in dem ein ständig lustgesteuertes Schaf möglichst viele Schafe beglücken muss, ohne dass ihn der Schäfer erwischt, spricht hauptsächlich Männer an. Die wilde „Moorhuhnjagd" von Jonny Walker erfreut wiederum beide Geschlechter gleichermaßen.

Unabhängigkeit bewahren

Bewahren Sie bei allen Tests immer eine gewisse Unabhängigkeit. Schnell macht man sonst aus einer richtig guten Idee den kleinsten gemeinsamen Nenner aller Befragten. Das endgültige Kampagnengut ist dann nur noch ein durchschnittlicher Kompromiss und reißt niemanden mehr vom Hocker.

Die Möglichkeiten des Viral Marketing haben mittlerweile viele Unternehmen entdeckt. Dadurch sind der Wettbewerbsdruck und auch die Anspruchslage der Konsumenten enorm gestiegen. Niemand leitet heute mehr das 10. Video gleicher Machart weiter. Wer auch in Zukunft die Aufmerksamkeit der Konsumenten wecken und seine Zielgruppe fesseln will, muss sich für jede Kampagne etwas Ausgefallenes und Abgefahrenes ausdenken. Und das kann und sollte gar nicht allen Testkandidaten auf Anhieb gefallen. Eine gute Mischung aus eigenen Ideen und Zielgruppenorientierung führt zum Erfolg.

5.3 Wirte und Überträger von Marketingviren

Um Ihren Marketingvirus zu verbreiten, benötigen Sie mindestens

- einen **Wirt** und
- einen **Überträger**.

5.3.1 Wirte im Viral Marketing

Der Wirt im Viral Marketing ist klassischer Weise ein Mensch, der – einmal angesteckt – den Virus an viele andere Personen überträgt. Wirte müssen jedoch im Virusmarketing nicht zwingend Individuen sein, sondern können ebenso mittelbare Verkörperungen der Kampagnenidee darstellen wie beispielsweise Anzeigen, Fernsehspots oder Websites. Bei der MediaMarkt Werbeaktion „Heute zahlt Deutschland keine Mehrwertsteuer" setzte der Discounter zur Verbreitung seiner viralen Botschaft hauptsächlich regionale Plakatanzeigen als Wirte für seinen Virus ein.

Je nachdem, wie ungewöhnlich und zielgruppenspezifisch das Kampagnengut ausgestaltet ist, entscheidet darüber, welche Art Wirt gewählt werden muss. Will man möglichst viele Menschen innerhalb kurzer Zeit dazu anregen, über das Kampagnengut zu sprechen, können sich sogar Fernsehspots rechnen. Bei einem solchen Vorgehen sind jedoch die Übergänge zur klassischen Massenkommunikation fließend. Traditionell zielt Viral Marketing eher darauf ab, bereits auf der ersten Stufe Menschen als Wirte für den Marketingvirus zu gewinnen. Dies hat auch gravierende Vorteile. Es ist nicht nur kostengünstiger, die interpersonale Kommunikation zu instrumentalisieren, sondern der Empfehlungsprozess ist wesentlich individueller und interaktiver. So passen Menschen nicht nur ihren Sprachstil an, je nachdem, mit wem sie sprechen, sondern können ebenso auf Rückfragen reagieren, was auch die virale Verbreitung von relativ komplexen Kampagnengütern leichter macht.

Meinungsführer und Superspreader

Besonders interessante menschliche Wirte sind so genannte Superspreader – Personen, die mit ihren Aussagen und Empfehlungen Hunderte, Tausende oder gar Millionen von Konsumenten erreichen. Authentische Multiplikatoren auf höchstem Verbreitungsniveau sind beispielsweise die Literaturkritiker Elke Heidenreich oder Marcel Reich-Ranicki. Letzterer besprach mit drei weiteren Kollegen in der ZDF-Sendung „Das Literarische Quartett" bis ins Jahr 2001 hinein regelmäßig aktuelle Bücher. Die Diskussionen über die vorgestellten Bücher stiegen ebenso wie die Verkäufe, nachdem sie in der Runde erörtert wurden. Dabei spielte es keine Rolle, ob die Bücher gelobt oder kritisiert wurden. Martin Walser (dt. Schriftsteller) meinte dazu sinngemäß: „Reich-Ranicki kann sagen, was er will, er ist immer hilfreich. Verreißt er ein Buch, kaufen es die Leute erst recht. Lobt er es, kaufen sie es trotzdem."

5.3.2 Überträger des Marketingvirus

Genauso wie Grippeviren das Niesen des Infizierten benötigen, um sich zu verbreiten, brauchen auch Marketingviren einen Mittler. Dabei haben es die künstlichen Versionen erheblich schwerer als ihre natürlichen Kollegen. Nicht über Tröpfchen oder die Luft gelangen sie vom Wirt in den Körper des Gegenübers, sondern sie müssen sich über die alltäglichen Kommunikationsweisen in das Bewusstsein des Konsumenten schleichen. Diese persönlichen Übertragungswege gilt es zu kennen und zu nutzen. Denn im Viral Marketing kann man als Unternehmen in der Regel nur auf der ersten Stufe Kommunikationsprozesse anregen und hat danach keinerlei Einfluss auf die spätere Verbreitung. Umso mehr zählt in der Planung der viralen Kampagnen eine eingehende Auseinandersetzung mit den zur Verfügung stehenden Kommunikationsmitteln.

Zur Initialzündung des Marketingvirus eignen sich die folgenden Überträger:

- persönliche Kommunikation
- Telefon
- Internet
- Print
- Fernsehen
- Rundfunk

Hinsichtlich ihres Potenzials unterscheiden sich die einzelnen Mittel der Marketingkommunikation erheblich. Ausschlaggebend für die Wahl des Kommunikationsmittels ist – wie zuvor bereits erwähnt –, auf welche Art und Weise die Zielgruppe vom Kampagnengut erfahren soll. Denn nicht alle Medien und Formate eignen sich für jedes Empfehlungsobjekt gleich gut. Interaktivität und Individualisierung des gewählten Kommunikationsmittels erhöhen die Authentizität einer viralen Kampagne, wobei Massenmedien wie der Rundfunk die Zahl an erreichten potenziellen Multiplikatoren gleich auf der ersten Ebene erhöhen.

Aber nicht nur diese Aspekte spielen bei der Wahl des Überträgers eine Rolle. Größter Feind einer Epidemie ist der Medienbruch. Mund-zu-Mund-Propaganda braucht ein homogenes Umfeld. Das lässt sich an einem simplen Beispiel zeigen: Wer in einem Party-Gespräch den Namen und die Uhrzeit einer lustigen Fernsehwerbung empfohlen bekommt und nichts zu schreiben hat, vergisst die Infos – falls sie nicht überaus einprägend sind – in der Regel gleich nach der Feier wieder. Genauso verhält es sich mit Fernsehsendungen, die eine URL anpreisen. Sitzt der Angesprochene nicht direkt vor seinem Rechner und kann die Website aufrufen, verpufft der Effekt. Ganz anders verhält es sich beispielsweise mit spannenden Geschichten oder Linktipps, die jeder anhand von ein paar Schlüsselinformationen weitererzählen bzw. per E-Mail an seine Freunde schicken kann.

Bevor man also den Überträger des Virus bestimmt, ist ein Potenzial orientierter Blick auf die Mittel der Marketingkommunikation sinnvoll.

	Internet	Pers. Kommu- nikation	Telefon	Rund- funk	Fern- sehen	Print
Multi- medialität	Ja	Nein	Nein	Nein	Ja	Nein
Maschinelle Interaktivität	Ja	Nein	Marginal	Marginal	Marginal	Nein
Persönliche Interaktivität	Ja	Ja	Ja	Marginal	Marginal	zeit- verzögert
Individua- lisierug	Ja	Ja	Ja	Nein	Nein	Nein
Unmittelbare Messung des Erfolgs	Ja	Nein	Nein	Nein	Nein	Marginal

Abbildung 13: Mittel der Marketingkommunikation und ihre Eignung für das Viral Marketing

Es zeigt sich, dass nur das Internet vier Elemente eines effektiven Überträgers auf sich vereint. Es bietet Multimedialität, persönliche Interaktivität über Foren oder E-Mails und ist von den Nutzern personalisierbar. Als einziges Medium bietet es zudem über beispielsweise Websites eine echte maschinelle Interaktivität. Diese verschafft dem World Wide Web besonders aus Automatisierungsgesichtspunkten einen enormen Vorteil gegenüber anderen Medien. Zwar bieten auch beispielsweise Telefoncomputer eine gewisse maschinelle Interaktivität.

Eine Computerstimme ist jedoch bei weitem nicht vergleichbar mit dem Interaktivitätspotenzial einer Website.

Ein weiterer enormer Vorteil des Internets ist seine Zeit- und Ortsungebundenheit: Eine E-Mail lässt sich auch nach einem Tag noch lesen und eine Website kann man zu jeder Uhrzeit ansurfen. Kombiniert mit der Reichweite und der Schnelligkeit der Kommunikation ist das Internet deshalb die erste Wahl bei viralen Marketing-Kampagnen.

5.3.3 Effektive Überträgerformate im Internet

Durch die offensichtlichen Vorteile des Internets als Überträgermedium werden nachfolgend die zwei am häufigsten in der Praxis des Viral Marketing verwendeten Formate vorgestellt:

- E-Mails und
- Websites.

E-Mail

Neben dem World Wide Web ist die elektronische Post der am meisten genutzte Online-Dienst. Nahezu 100 Prozent aller Internetnutzer setzen E-Mails zur Kommunikation mit Freunden, Bekannten oder Kollegen ein. Dadurch genießt der internetgestützte Briefservice eine enorme Vertrautheit seiner Anwender. Natürlich hat die Spam-Problematik der Reputation des Mediums allgemein geschadet. Doch die Folgen dieser Entwicklung gehen weniger zu Lasten des Viral Marketing, sondern die Menschen werden/sind seitdem allgemein stärker für elektronische Werbeschreiben sensibilisiert. Nachrichten von Freunden, Geschäftspartnern oder Bekannten erreichen wie gehabt ihre Empfänger und so wird es auch Zukunft sein.

Da sich ein Marketingvirus durch den Kundenmund verbreitet, ist die elektronische Post – als verlängerter Arm der persönlichen Kommunikation – hervorragend für das Viral Marketing geeignet. Und das auf zweierlei Art und Weise: Als E-Mail selbst oder in Kombination mit einem Attachment (dt. Anhang).

In Reinform kann eine E-Mail beispielsweise zur Verbreitung von Geschichten, Gerüchten oder Witzen verwendet werden. Aus Marketingsicht sind jedoch solche „Viren" eher unpraktisch, da es schwierig ist, hier zumindest einen Markennamen unterzubringen. Selbst wenn es gelingen sollte, muss man immer noch damit rechnen, dass jemand im Empfehlungsprozess den Namen einfach löscht und durch etwas „Ungebrandetes" ersetzt. Besser geeignet für E-Mail-Viren ist daher die Verknüpfung mit einer URL. So muss jeder Nutzer eine – unveränderbare – Website besuchen, um das Kampagnengut zu sehen. Dadurch ist auch die Erfolgsmessung wesentlich besser möglich.

Eine andere Möglichkeit zu verhindern, dass die Werbebotschaft verloren geht, sind Anhänge. Hierzu zählen beispielsweise selbstlaufende PowerPoint-Slideshows, Videos, Word-Dokumente, PDFs, Excel-Charts oder einfach nur Bilder.

Generelle Problembereiche des Einsatzes von E-Mails im Viral Marketing

Wenn Sie die elektronische Post zur Verbreitung Ihres Kampagnenguts einsetzen wollen, steht zu Beginn die Wahl zwischen Text oder HTML. Auch wenn sich diese Frage durch die weite Verbreitung von HTML-fähigen E-Mail-Clients nicht mehr aus Gründen der Reichweite stellt – der Großteil der Online-Bevölkerung nutzt entsprechende Programme – so stellt sie sich doch vor einem Kompatibilitätshintergrund. HTML bietet eine Reihe von Vorteilen gegenüber reinen Textnachrichten: Firmenlogos, Hausschriftart oder sogar multimediale Elemente wie Ton oder animierte Grafiken können verwendet werden. Des Weiteren ist es auch ohne Verknüpfung zu einer Website möglich zu messen, ob, wann und von welcher IP-Adresse die Mail geöffnet wurde.

Doch HTML-Mails bieten nicht nur Vorteile. Sie unterscheiden sich von ihrer Grundbeschaffenheit kaum von einer normalen Webpage, d.h. auch hier ist die Größe relevant. 50 bis 100 Kilobyte sind vertretbar. Jedoch lassen sich in dieser Größenordnung bei der Verwendung von Bildobjekten nicht annähernd so viele Informationen unterbringen wie bei reinen Text-Mails.

Ein weiteres Problem ist, dass sich viele E-Mail-Programme in der Darstellung von HTML-Nachrichten unterscheiden. So kann es sein, dass ein und dieselbe Nachricht in einem Programm richtet formatiert angezeigt und in einem anderen Programm zerstückelt wird. Dazu kommt, dass je nach persönlicher Vorliebe das Darstellungsfenster der E-Mail im Client – bei beispielsweise einer Auflösung von 1078x768 – entweder 800, 700 oder 600 Pixel breit ist. Es muss daher viel Zeit für Tests der E-Mail in unterschiedlichen E-Mail-Programmen und bei unterschiedlichen Auflösungen aufgebracht werden. Dabei muss zudem bedacht werden, dass Nutzer, die die Nachricht weiterleiten, gerne auch ein paar persönliche Worte ergänzen. Da nicht alle Clients über die Möglichkeiten verfügen, HTML-Mails akkurat zu bearbeiten, können sich auch hieraus vielerlei Probleme ergeben.

Viele Menschen präferieren zudem Text-Nachrichten grundsätzlich gegenüber HTML-basierenden Mails. Diese Klientel lehnt zwar HTML nicht prinzipiell ab, sie empfindet aber die multimedialen Möglichkeiten als puren Schnickschnack. Solche Nutzer haben häufig auch in ihren Versandoptionen „Versand als Textnachricht" aktiviert, was dazu führen kann, dass bei der Weiterleitung einer HTML-Mail automatisch alle Grafiken gelöscht werden.

Überlegen Sie genau, welches Format sich für Ihre Zielgruppe am besten eignet. Reine Textnachrichten bieten den kleinsten gemeinsamen Teiler und werden in allen E-Mail-Programmen gleich angezeigt. HTML-Nachrichten bieten hingegen mehr multimediale und grafische Ausgestaltungsformen. Sollte die Entscheidung schwer fallen, lohnt ein Blick auf die Ökonomie der beiden Überträger: Da keines der beiden Formate – HTML oder Text – bewiesenermaßen bessere Ergebnisse erzielt, sind reine Textnachrichten immer die kosteneffizientere Alternative.

Problemaspekte von E-Mail-Anhängen

Das größte Problem von E-Mail-Attachments ist ihre Größe. Zum einen haben viele Provider und Firmen eine maximale Dateigröße von 5 bis 10 Megabyte für Anhänge definiert, zum anderen versendet auch niemand Anhänge dieser Größe einfach zum Spaß an alle seine Freunde. Selbst bei einem DSL-Anschluss dauert es eine kleine Ewigkeit, bis der Upload vollständig ist, ganz zu schweigen davon, wie lange Personen mit einer Modem-Verbindung warten müssen, bis der Download der Mail vollständig ist.

Auch aus einem anderen Grund können bestimmte Anhänge der Verbreitung Ihres Marketingvirus schaden. Viele Computerviren tarnen sich nämlich als vermeintlich interessanter Anhang. Öffnet der unbedarfte Nutzer das Attachment, wird in aller Regel ein kleines Programm gestartet, das Daten löscht oder modifiziert bzw. den Zugriff auf den Rechner von außen ermöglicht. Was in der Regel immer geschieht, ist, dass sich der Virus an alle im Adressbuch des Nutzers gespeicherten E-Mail-Adressen versendet. Dabei sind die meisten Viren jedoch nicht so intelligent programmiert, dass sie das Anschreiben personalisieren. Für einigermaßen geschulte Augen sind virusverseuchte Mails fast immer zu erkennen. Achten Sie im Rahmen Ihrer viralen Kampagne darauf, dass Ihr originäres E-Mail-Anschreiben personalisiert ist, also Bereiche der individuellen Ansprache beinhaltet – wie etwa „Hallo Klaus," oder „Viele Grüße, Peter" –, die der Empfänger durch seinen eigenen Namen ersetzen kann. Dadurch erscheint die Nachricht auch bei der Weiterleitung als persönliches Schreiben von einem Freund und der Anhang genießt den dazugehörigen Vertrauensschutz.

Firewalls sind ein weiterer Aspekt, der bei der Verwendung von Anhängen zu beachten ist. Viele Firmen schützen sich gezielt vor Viren, indem sie bestimmte Dateiformate automatisch von ihrem Server löschen lassen. Vermeiden Sie daher Datei-Endungen wie „*.exe" oder „*.bat", die häufig von Computerviren verwendet werden. Konzentrieren Sie sich auf Dateiformate, die häufig im Geschäftgebaren verwendet werden wie PDF, JPEG oder DOC.

Dateiformate spielen auch bezüglich der Reichweite eine große Rolle im Viral Marketing. Denn nicht alle Nutzer haben die gleichen Programme bzw. Viewer installiert. Bei einem Video sind beispielsweise AVIs (*.avi) oder MPEG (*.mpeg) die geeigneten Formate, da diese auf fast allen PCs oder Macs geöffnet werden können. Auch Player, die Apples Quicktime-Format (*.mov) wiedergeben können, sind weit verbreitet. Beim relativ modernen DIVX-Format sieht dies wieder anders aus. Da viele Firmen restriktive Richtlinien bezüglich der installierbaren Programme pflegen, erreichen Sie über DIVX wesentlich weniger Nutzer.

Ein ähnliches Problem entsteht aus unterschiedlichen Programmversionen. Ein und dasselbe Dokument sieht in unterschiedlichen Word-Versionen in aller Regel unterschiedlich aus. Ähnlich verhält es sich mit PDFs. Wer ein Dokument für die aktuellste Version optimiert, riskiert, dass Anwender mit älteren Versionen die Datei fehlerhaft oder teilweise gar nicht betrachten können. Die weiteste Verbreitung erzielen Dateiformate und -versionen, die auf den meisten Rechnern geöffnet werden können. Beziehen Sie diesen Aspekt bei der Wahl des Formats Ihres Online-Kampagnenguts unbedingt in die Zielgruppenanalyse mit ein.

Websites

Der am zweit häufigsten genutzte Dienst des Internets ist das World Wide Web. Aus diesem Grund eignen sich auch Websites hervorragend als Überträger eines Online-Marketingvirus. Auch muss man hier wesentlich weniger Einschränkungen hinnehmen als bei der elektronischen Post. Eine 10 MB große Datei kann ohne Probleme auf einer Website zum Download angeboten werden. Demos lang erwarteter Computerspiele haben nicht selten eine Größe von 600 Megabyte und mehr und zählen nach der ersten Woche dennoch sechsstellige Downloadraten. Aber nicht nur große Dateien eignen sich besser für das World Wide Web, auch Animationen, Spiele oder Videos lassen sich ausgezeichnet im Netz ansprechend präsentieren.

Der Snowglobe – eine (nicht) erfolgreiche Kampagne

Die auf Viral Marketing spezialisierte Agentur ‚e-tractions' staunte im Dezember 2001 nicht schlecht. Gerade die hauseigene virale Weihnachtsaktion erwies sich als totaler Fehlschlag. Dabei war alles professionell geplant und vorbereitet. Worin der mangelnde Erfolg begründet war, ist der Agentur bis heute nicht eindeutig ersichtlich. So war es umso überraschender, dass sich ihre websitegestützte eCard „Snowglobe" – eine Mischung aus interaktiver Weihnachtskarte und provokanter Spielerei – nach zwei Jahren plötzlich einer ungeheuren Beliebtheit erfreute.

Quelle: www.e-tractions.com

Abbildung 14: Lustig und makaber zugleich – der kleine Snowglobe

Dabei hatte niemand von e-tractions in irgendeiner Weise darauf hingewirkt. Der Virus hatte sich ganz plötzlich von allein entwickelt, indem jemand ganz eigenständig die Website des Snowglobes im Netz fand. Dass der Siegeszug der Snowglobe Website schließlich in 15 Millionen Nutzern resultieren würde, hatte keiner der Urheber im Entferntesten erwartet. Die ausführliche Case Study lesen Sie ab Seite 139.

Anders als bei der elektronischen Post müssen die Nutzer jedoch erst die Website aufrufen, also selbst aktiv werden, anstatt reaktiv nur eine E-Mail zu erhalten. Dies unterscheidet eine Website gravierend von dem Überträger E-Mail. Ein Internetangebot eignet sich erst als Überträger, wenn es einigermaßen gut frequentiert ist oder wenn dafür in irgendeiner Form geworben wird. Aus letzterem Grund werden Websites häufig in Verbindung mit E-Mails verwendet – beispielsweise über den Einsatz von Empfehlungsskripten oder im Rahmen eines Linktipps im normalen E-Mail-Verkehr.

Genauso wie E-Mails unterliegen auch Websites hohen Anforderungen damit sie sich als effektiver Überträger eines Kampagnenguts eignen. Ladegeschwindigkeit und Benutzerfreundlichkeit sind hier die wesentlichen Faktoren. Nur wenn sich eine Website schnell aufbaut und einfach zu bedienen ist, fühlen sich die Nutzer wohl. Dabei kommt es weniger darauf an, dass die Site eindrucksvoll gestaltet ist. Viel wichtiger ist die Qualität des Kampagnenguts. Eine simpel gestrickte Website, die authentisch den Ursprung des Marketingvirus unterstreicht, ist oft wesentlich erfolgreicher als ein aufwändig gestalteter Rahmen, der künstlich und zu professionell wirkt. Menschen unterstützen eher kleinere Projekte und Underground-Ideen mit ihrer Empfehlung, als dass sie etablierten Unternehmen helfen, noch bekannter zu werden.

Zur Usability eine Website gehört auch der Name der Domain. Am besten geeignet sind kurze und leicht zu merkende Bezeichnungen. Wenn das nicht möglich ist, muss zumindest darauf geachtet werden, dass die Länge der URL nicht mehr als 65 Zeichen beträgt. Ansonsten brechen viele E-Mail-Programme die URL um, wodurch sie nicht mehr korrekt funktioniert und sich auch nicht mehr zur Empfehlung per Mail eignet.

Gift für eine virale Kampagne ist die Überladung einer Website. Versuchen Sie nicht, Ihr Unternehmen vorzustellen oder Produkte zu verkaufen, wenn das nicht Kern Ihrer viralen Strategie ist. Beschränken Sie sich auf Informationen rund um das Kampagnengut. Niemand nimmt sich heute mehr die Zeit, sich zum Spaß mit unwichtigen Dingen auseinanderzusetzen. Je simpler Ihre Website gehalten ist, desto besser. In vielen Fällen ist es sogar das Sinnvollste, eigens eine spezielle Micro-Site oder Landingpage für das Kampagnengut zu entwickeln.

5.4 Seeding – zielgruppenspezifisches Streuen des Kampagnenguts

Da man anders als bei medizinischen Viren im Marketing kaum zwischen Wirt und Überträger unterscheiden kann (siehe Dualität von Wirt und Überträger bei einer Website oder einer Fernsehsendung), wird in der Praxis auch keine Unterscheidung vorgenommen. Die Identifizierung von Wirten und die Ausgestaltung der Übertragungsprozesse wird bei der Planung einer viralen Kampagne verkürzt als Seeding bezeichnet – das zielgruppenspezifische Streuen des Kampagnenguts.

Was ist Seeding genau?

Ein kommunikativer Virus entsteht nur selten durch die Empfehlung einer einzelnen Person. In der Regel müssen viele Hundert oder Tausend Menschen über ein Kampagnengut erfahren, damit eine kritische Masse an hochkommunikativen Netzwerkmitgliedern erreicht wird, um nachhaltig Mund-zu-Mund-Propaganda auszulösen. Um diese kritische Masse an Personen zu erreichen, haben sich zwei grundlegende Varianten des Seeding (dt. Streuen bzw. Verbreiten) herauskristallisiert:

■ **Einfaches Seeding** – Beim einfachen Seeding liegt das Hauptaugenmerk darauf, dass die Zielgruppe quasi selbst das Kampagnengut entdeckt. Im Vordergrund steht die Qualität des viralen Elements als Zugpferd für Mund-zu-Mund-Propaganda. In der Regel wird bei dieser Form des Streuens das Kampagnengut nur bestehenden Kunden, Freunden und Bekannten vorgestellt – beispielsweise über ein klassisches Mailing, über eine gut sichtbare Positionierung auf der unternehmenseigenen Website oder über eine Erwähnung im Newsletter. Ziel ist es, den Empfehlungsprozess quasi auf natürliche Art und Weise in Gang zu setzen, um nicht an Authentizität zu verlieren. Die Kosten, welche durch das passive Streuen entstehen können, sind daher auch vergleichsweise gering.

■ **Erweitertes Seeding** – Beim erweiterten Seeding steht eine schnelle und massive Verbreitung des Kampagnenguts im Vordergrund. Hierzu wird das virale Element über möglichst viele Kanäle und Plattformen gleichzeitig verbreitet. Ziel ist es, in kurzer Zeit so viele Kontakte wie möglich zu erzielen. Erweitertes Seeding setzt daher in aller Regel eine strategische Planung der einzelnen Streu-Maßnahmen voraus – nicht zuletzt auch aufgrund der Kosten, die bei dieser Form des Seeding entstehen können. Im Internet ist eine prominente Positionierung auf der Startseite von hoch frequentierten

Zielgruppenportalen beispielsweise nur noch gegen entsprechende Bezahlung möglich. Auch professionelle PR bzw. die Schaltung von Anzeigen oder Plakaten zieht entsprechende Ausgaben nach sich.

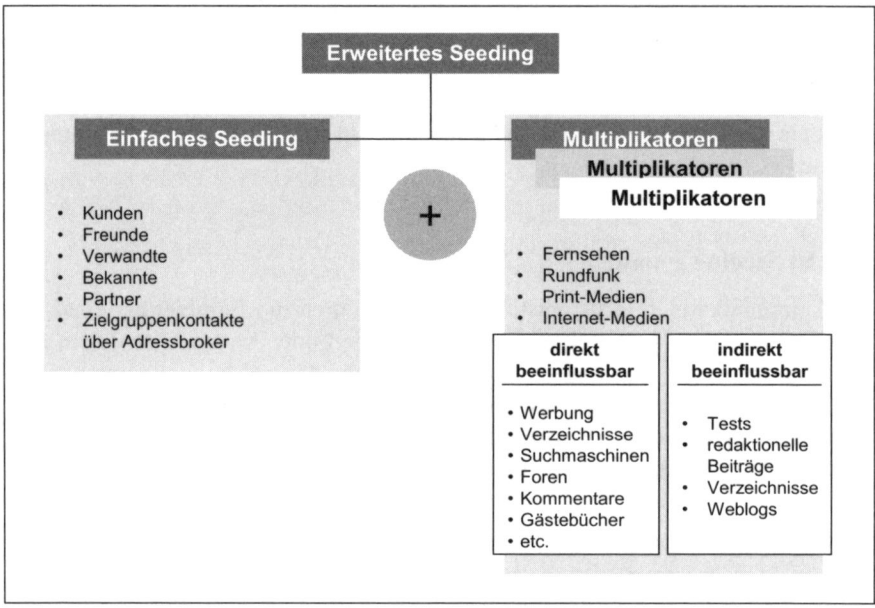

Abbildung 15: Möglichkeiten des Seeding (Streuen) von Kampagnengütern

Erfolgsfaktoren und Problembereiche des einfachen Seeding

Wer auf möglichst natürlichem Wege Mund-zu-Mund-Propaganda auslösen will, stößt immer auf ein Problem: Wie kann man auf der ersten Stufe der Verbreitung genügend kommunikative Netzwerkmitglieder authentisch ansprechen? Versendet ein Unternehmen beispielsweise an alle seine Geschäftskontakte eine E-Mail mit Bezug auf das Kampagnengut, kann dies bei einer entsprechenden Größe des Verteilers ausreichen, um Mund-zu-Mund-Propaganda auszulösen. Jedoch muss das Kampagnengut dann auch genau diese Zielgruppe ansprechen. Will man vor allem junge Endkonsumenten erreichen, ist diese Vorgehensweise eher ungeeignet – zumal Marketingviren für diese Klientel häufig auf abgefahrene Ideen setzen, mit denen man in der Regel nicht unbedingt seine Geschäftspartner konfrontieren will. Wie also vorgehen?

Als effektiv hat sich die Ansprache der folgenden Gruppen bewährt:

- Kunden
- Freunde
- Verwandte
- Bekannte
- Partner
- Zielgruppenkontakte über Adressbroker

Kunden

Bestehende Kunden stellen das größte Potenzial dar. Sie kennen und schätzen die Leistung Ihres Unternehmens und stammen mit großer Wahrscheinlichkeit aus der anvisierten Zielgruppe. Aber nicht alle Kunden eignen sich gleichermaßen für die Verbreitung Ihres Kampagnenguts. Besonders interessant für das Viral Marketing sind Käufer, die

- bereits einmal Ihre Produkte und Dienstleistungen weiterempfohlen haben,
- Ihr Unternehmen, Ihre Leistungen oder Ihren Service schon einmal gelobt haben,
- bewusst darum gebeten haben, über Neuigkeiten aus Ihrem Unternehmen informiert zu werden (beispielsweise Newsletter-Abonnenten).

„North Pole Inc. braucht Ihre Hilfe" – Mit einfachem Seeding gewinnt das Adgame „Wer rettet Weihnachten?" Kunden

Seit der wilden Moorhuhnjagd steht fest: Simple und lustige Spiele kommen in den Etagen großer Unternehmen gut an. Aber kann man über ein virales Adgame auch hochwertige Geschäftskundenkontakte gewinnen? Die Internet Agentur Unleashed Media hat es versucht. Und es hat geklappt. Innerhalb von zwei Monaten konnte das Unternehmen mit Hilfe des Spiels „Wer rettet Weihnachten?" eine Reihe neuer Kunden für seine Dienstleistungen gewinnen und viele hochwertige Kontakte knüpfen. Das alles mit minimalem Streuaufwand.

Unleashed Media stand vor dem Problem, eine sehr spezielle Zielgruppe ansprechen zu müssen: Unternehmen mit Bedarf für kreative Internetdienstleistungen. Aber anstatt das Spiel aufwändig und zum Teil teuer über Zielgruppenportale zu vermarkten, entschied sich die Agentur, zunächst nur ihre eigenen Kunden und Geschäftskontakte bzgl. des Spiels anzuschreiben. Unleashed Media hoffte darauf, dass die Mischung des Flash-Games (Weihnachtshistorie mit Business-Komik) den Nerv der Zielgruppe treffen würde und die Angeschriebenen das Spiel an andere Unternehmer weiterempfehlen würden. Die Rechnung ging auf: Innerhalb der zweimonatigen Kampagnenphase luden sich mehr als 40 000 Nutzer das Spiel herunter. Über 100 neue Geschäftskontakte und 5 neue Kunden konnte Unleashed Media zum Ende der Aktion verbuchen.

Mehr zu diesem Fallbeispiel ab Seite 156.

Freunde, Verwandte und Bekannte

Die zweitwichtigste Erstkontaktgruppe beim einfachen Seeding sind Freunde, Verwandte und Bekannte. Zu diesen Menschen besteht in der Regel ein guter persönlicher Kontakt. Da Viral Marketing auf eine vertrauensvolle Beziehung zwischen den Empfehlungspartnern setzt, schlummert hier ein enormes Potenzial. Zudem helfen vertraute Personen gerne, wenn sie darum gebeten werden.

Denken Sie bei der Ansprache von Freunden, Verwandten und Kontakten auch an die Kontakte ihrer Mitarbeiter. Auch diese können – ein entsprechendes innerbetriebliches Klima vorausgesetzt – bei der Verbreitung helfen. Am sinnvollsten ist es, sich zu Beginn der Planungsphase eine Liste von direkten und indirekten persönlichen Kontakten zu erstellen und eine Taktik zu entwickeln, diese für das Kampagnengut zu begeistern.

Kommerzielle Adressbestände und Kooperationen mit Partnern

Wenn alle Stricke reißen, kann man beim einfachen Seeding letztlich auch Partnerschaften eingehen oder auf kommerzielle Adressbestände zurückgreifen.

Professionelle Adressbroker verfügen nicht nur über Millionen von Adressen, sondern erheben in der Regel eine Vielzahl von Zusatzinformationen wie Einkommen, Einkaufsvorlieben oder die berufliche Stellung der Person. Verknüpft mit regionalen Umgebungsinformationen (im Umkreis von drei Kilometern befinden sich zwei Grundschulen, eine Aral-Tankstelle, ein Audi-Autohaus, etc.) ermöglichen die Adressverkäufer hochspezifische Zielgruppenselektionen. So können Sie beispielsweise nur Namen und Adressen von Konsumenten erwerben, die zwischen 18 bis 29 Jahre alt sind, in einer WG wohnen, im Monat über 700 Euro zur Verfügung haben, im Umkreis von zwei Kilometern zu einem Aldimarkt wohnen und noch Studenten sind.

Da keine persönliche Beziehung zu den selektierten Namen und Adressen besteht, ist eine authentische Kontaktaufnahme relativ schwierig. Die Dienste von professionellen Adresshändlern lohnen sich daher nur, wenn Sie auch eine Strategie dafür entwickelt haben, die Zielpersonen effektiv anzusprechen.

Eine Alternative zu kommerziellen Adressbeständen ist die Kooperation mit Unternehmen, die die gleiche Zielgruppe ansprechen, jedoch nicht im Wettbewerb zu Ihrem Unternehmen stehen. Ein Anbieter von Grafikkarten wäre beispielsweise ein guter Partner für einen Händler, der Lüfter und andere PC-Kühlungssysteme vertreibt. Dabei kann eine Kooperation einseitig sein, d.h. Sie bezahlen Ihren Partner dafür, dass er „redaktionell" in seiner Kundenzeitschrift oder seinem Newsletter über Ihr Kampagnengut berichtet oder Sie vereinbaren ein Arrangement auf Gegenseitigkeit, bei dem beide Seiten profitieren.

Partner können beim einfachen Seeding einen wirkungsvollen Multiplikator darstellen. Wichtige Voraussetzung ist jedoch eine vertrauensvolle und langfristig geplante Beziehung. Nur so äußern sich Ihre Partner gegenüber Ihren Kunden mit der erforderlichen Begeisterung.

Erfolgsfaktoren und Problembereiche des erweiterten Seeding

Die effektivste Form des Seeding ist stark abhängig vom Kampagnengut und der Anzahl von Menschen, die erreicht werden sollen. Betreibt man Viral Marketing im großen Stil als Ergänzung oder Ersatz zur Massenkommunikation, kommt man fast gar nicht darum herum, ein erweitertes Seeding zu betreiben. Nur so erreicht man innerhalb kurzer Zeit eine hinreichend kritische Masse an Kontakten, um der Kampagne einen guten Nährboden für eine Epidemie zu geben. Dass man dadurch höhere Kosten in Form von klassischer Werbung und PR hinnehmen muss, ist nicht der einzige Wehmutstropfen. Verwendet man ein digitales Kampagnengut, kommen andere, zum Teil sehr aufwändige aber auch hocheffektive Streumaßnahmen hinzu.

Multiplikatoren

Erweitertes Seeding heißt vor allem, dass neben dem einfachen Streuen des Kampagnenguts gezielt Multiplikatoren angesprochen werden, die die Verbreitung der viralen Botschaft vervielfachen sollen. Zu Multiplikatoren zählen alle Massenmedien und deren populären Formate – also beispielsweise Fernsehsendungen, Rundfunkberichterstattungen, Artikel, Tests oder, speziell im Internet, Verzeichnisse, Suchmaschinen, Foren, Weblogs oder eZines. Dabei wird zwischen direkt beeinflussbaren und indirekt beeinflussbaren Formaten unterschieden. Werbung kann jedes Unternehmen in Eigenregie erstellen, einen Artikel in einer bekannten Zeitschrift hingegen nur anregen. Es liegt auf der Hand, dass gerade die indirekt beeinflussbaren Formate wie redaktionelle Beiträge oder Testberichte durch ihre Glaubwürdigkeit eine wesentlich höhere Wirksamkeit aufweisen als beispielsweise eine Anzeige.

Besonders kosteneffiziente Multiplikatoren sind Internetmedien. Fast jeder kann sich hier zum Amateurjournalisten aufschwingen. Die Weblog-Suchmaschine blogg.de listet derzeit über 56 000 deutsche Online-Tagebücher – Tendenz steigend. Dazu kommen Tausende von privaten und halbgewerblichen Online-Magazinen. Allein durch die bloße Anzahl von Zielgruppen orientierten Online-Publikationen ist die Chance groß, dass man mit der richtigen Herangehensweise den einen oder anderen Multiplikator findet. Erleichternd kommt hinzu, dass kleine Publikationen immer nach interessanten Themen und Ideen suchen, um einen Kontrapunkt zu ihren großen Wettbewerbern zu setzen. Mit dem nötigen Respekt und einer spannenden Geschichte angesprochen, lassen sich viele Amateur- und Freizeitjournalisten zu einem kurzen Bericht hinreißen.

Nicht nur kleine Magazine und Weblogs bieten sich als Multiplikator an, sondern auch große Portale und Verzeichnisse. Für viele Formen von Kampagnengütern gibt es im Netz bereits spezialisierte und von Nutzern hoch frequentierte Angebote. Auf checkliste.de finden sich nützliche Abhaklisten, auf lustich.de werden unterhaltsame Videos gesammelt und bildschirmschoner.de findet man kurzweilige Screensaver.

Hitman 2 – virale Killerspots fürs Netz

Zur Produkteinführung des zweiten Teils des Spiels Hitman (Hitman 2) stand das Entwicklungsstudio Eidos Interactive vor einem Problem: Sie mussten ein relativ spezielles Produkt an eine generell stark umworbene Zielgruppe vermarkten. Zwar steht Spieleherstellern mit On- und Offline-Spielezeitschriften klassisch ein sehr guter Zugang zu potenziellen Käufern zur Verfügung, doch leider lesen nicht einmal ein Drittel aller Konsolen- und PC-Spieler regelmäßig solche Magazine. Wie also die restlichen zwei Drittel möglichst effizient erreichen? Zusammen mit dem auf Viral Marketing spezialisierten Unternehmen DMC und der Agentur Maverick Media entwickelte Eidos ein virales Kampagnenkonzept. Im Mittelpunkt standen zwei „anstößige" Videospots, die durch ihren makabren Humor die Online-Community zu Mund-zu-Mund-Propaganda anregen sollten.

DMC organisierte die Verbreitung der Videos, indem es eine überschaubare Anzahl von zumeist unkommerziellen Websites und Communities ansprach. Dabei standen natürlich Seiten im Vordergrund, die sich ohnehin mit der

Verbreitung von lustigen und anrüchigen Videos, Präsentation, Grafiken, etc. beschäftigten. Ziel war es, die Verbreitung nicht von den dahinter stehenden Unternehmen bzw. der offiziellen Hitman 2 Website zu organisieren, sondern die Zielgruppe des Spiels von Beginn an einzubinden. Dies unterstrich auch den Markengedanken von Hitman, anders, provokativ und „underground" (dt. ungefähr = für die Masse unbekannt) zu sein.

Zunächst mussten also relevante Internetangebote zur Verbreitung identifiziert und kontaktiert werden. Interessante Websites wurden in vier Klassen unterteilt:

Gruppe 1: Große auf virale Inhalte spezialisierte Portale wie beispielsweise iFilm.com

Gruppe 2: Große kommerzielle Portale wie beispielsweise die internationalen oder nationalen „Viral Charts" von Lycos

Gruppe 3: Semi-professionelle Sites, die signifikant hohen Traffic erzeugen wie beispielsweise „Viralmeister.com"

Gruppe 4: Kleine Sites, die zumeist als Hobby ohne finanzielle Absichten betrieben werden

Das Seeding zeigte Wirkung: Innerhalb der nur achtwöchigen Kampagne wurden die Downloadlinks des Videos über neun Millionen Mal gesehen und die einzelnen Clips zusammen über 400 000 Mal heruntergeladen.

Die ganze Fallstudie finden Sie ab S. 132

Seeding über Foren, Gästebücher und Kommentare

Neben der Identifizierung und Ansprache von Zielgruppenportalen können auch

- Foren,
- Gästebücher und
- Kommentarfunktionen bei Artikeln oder Blogeinträgen

zum Streuen des Kampagnenguts instrumentalisiert werden. Hierbei gibt man sich als Mitglied der Community aus (in Foren) oder als interessierter Leser (bei Artikeln oder Blogs) und weist bei passenden Themen auf das eigene Kampagnengut hin. Diese Form des Seeding kann sehr effektiv sein. In gut besuchten Foren werden viele Threads (dt. Einträge) einige Hundert oder Tausend Mal gelesen, wobei sich in der Regel nur circa 10 bis 30 Nutzer an der Diskussion beteiligen. Ähnlich verhält es sich mit Artikel- oder Blogkommentaren sowie mit Gästebucheinträgen. Auch diese werden wesentlich mehr aufgerufen, als dass jemand selbst etwas schreibt.

Die getarnte Vermarktung seines Kampagnenguts über Foren, Gästebücher und Kommentarfunktionen geht einher mit einem erheblichen Aufwand. Dies lässt sich beispielhaft anhand des Seeding über Foren zeigen:

Automatisiert kann man in keinem Forum Einträge generieren lassen. Ganz zu schweigen von der Tatsache, dass solche Posts von der Community durch den fehlenden Bezug zu der jeweiligen Diskussion immer sofort als gefälscht erkannt und ungehend vom Moderator des Forums gelöscht würden. Schlimmer noch: Die gezielte Verbreitung von gleichartigen Diskussionsbeiträgen wird von vielen Forenbetreibern mit Spam gleichgesetzt. Es bleibt also nur die manuelle Reaktion auf Fragen, Erfahrungsberichte, etc. Und die kostet Zeit: Passende Threads aus nur einem einzigen Forum herauszusuchen und adäquat zu beantworten, kann Stunden dauern. Addiert man den Aufwand für weitere Foren hinzu, bekommt man einen Eindruck davon, wie viel Zeit diese Arbeit verschlingen kann. Des Weiteren kennen die meisten Forumsnutzer bereits virale Kampagnenwerbung und sind darauf sensibilisiert. Die über Foren angestoßene Kampagne des US-Musiksenders MTV zum Image-Wechsel von MTV2 „The 2 Headed Dog", bei der eine schrille Website (www.the2headeddog.com) mit unzusammenhängenden Bildern und Videos als Kampagnengut diente, wurde beispielsweise schnell von den Nutzern erkannt und entlarvt. Der verantwortliche Beitragsschreiber hatte sich zwar Mühe gegeben, authentisch zu wirken und sogar „niedliche" Rechtschreibfehler in seinen Text eingefügt, dennoch fehlte ihm der Bezug zur Community und deren Akzeptanz. So wurde das Vorhaben schnell als Täuschung demaskiert. Die Folge: Kritik über viele Foren und Weblogs hinweg bis hin zu einem mahnenden Pressebericht. Die Kampagne dürfte als gescheitert gelten.

Das MTV-Beispiel ist stereotypisch für die Erfolgsfaktoren von Seeding mittels Foren. Nur wer sich engagiert und zu einem angesehenen Mitglied der Gemeinschaft avanciert, wird wirklich ernst genommen. Ähnlich verhält es sich mit Kommentaren und Gästebucheinträgen. Wer ernsthaftes Interesse zeigt und glaubwürdig erscheint, dessen Beitrag genießt auch das notwendige Vertrauen. Kurz nach der Einführung einer neuen Nachrichtensendung auf CNN fanden news- und fernsehorientierte Blogger einen ähnlichen Kommentar in ihren Online-Tagebüchern. Jemand kritisierte das neue Nachrichtenangebot und bezeichnete es als „trashig". Damit sich auch jeder Leser selbst von der schlechten Sendung überzeugen könne, listete der mitdenkende Kommentarschreiber auch gleich die nachfolgenden Sendetermine. Ein bisschen zu mitdenkend, das dachte sich auch Blogger Nick Louis, der ein wenig recherchierte. Und siehe da, er stieß auf Dutzende gleich klingender Kommentare, die alle entweder von einem Joseph oder Thoth verfasst wurden und immer dasselbe Thema behandelten. Nick wandte sich an das bekannte US-Magazin Wired, das wiederum einen ausführlichen Artikel dazu verfasste. Ob es sich bei den gefundenen Kommentaren tatsächlich um eine von CNN initiierte virale Kampagne handelte, ist natürlich nicht zu beweisen, da der Nachrichtensender jegliche Verantwortung von sich wies. Die Motivation eines einzelnen Nutzers, Hunderte von Kommentaren zu schreiben, ist jedoch kaum anders nachzuvollziehen.

Bei dem Einsatz des erweiterten Seeding lohnt sich häufig die Beauftragung einer auf Viral Marketing spezialisierten Agentur. Dies spart nicht nur Zeit und Mühen, eine professionelle Agentur kann auch auf umfangreiche Erfahrung in der gezielten Verbreitung von Kampagnengütern zurückblicken. Dieser Vorsprung auf der Lernkurve kann bares Geld wert sein, nicht nur, wenn es darum geht, die Gefahr des Scheiterns abzumildern, sondern auch um Zeit zu sparen.

5.5 Kampagnenstart und Empfehlungsprozess

Die Ziele und Zielgruppen sind definiert, das Kampagnengut steht bereit und die Seedingstrategie ist festgelegt? Dann kann es theoretisch losgehen. Doch stopp: Vieles kann gerade in der Anfangsphase der Kampagne schief gehen. Um frühzeitig gegenzusteuern, ist es wichtig zu verstehen, wie sich der Empfehlungsprozess in der Praxis gestaltet und wo mögliche Störungen auftreten können.

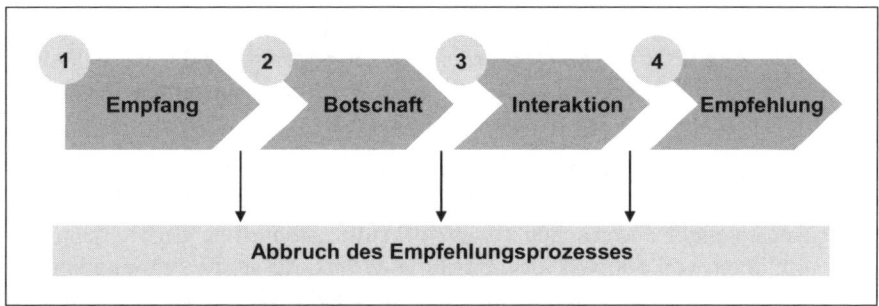

Abbildung 16: Mögliche Abbruchspunkte im Empfehlungsprozess

Empfang

Häufig ergeben sich zu Beginn einer Kampagne Probleme aus der Tatsache, dass der Empfänger die virale Botschaft ignoriert oder sie gar nicht erst erhält. Letzteres kann relativ schnell geschehen, wenn beispielsweise die E-Mail vom Spam-Filter gelöscht wird oder die Nachricht – in Briefform – einfach von der Sekretärin als Werbeschreiben eingeordnet wird und im Papierkorb verschwindet.

Erweckt die ganze Kampagne einen zu gewerblichen Anschein, kann dies wiederum zu einer Verwechslung mit normaler Werbung führen. Viele Konsumenten reagieren dann nach fest eingeprägten Schemata und ignorieren das vermeintliche Marktgeschrei.

Botschaft

Zu Beginn und auch im Verlauf der viralen Kampagne ist die Art und Weise, wie über Ihr Kampagnengut gesprochen bzw. geschrieben wird, entscheidend für den Erfolg. Nur fesselnde Geschichten über den Nutzen oder den Unterhaltungswert des Empfehlungsobjekts finden ihren Weg in die persönliche Kommunikation der Zielgruppe. Dabei ist es förderlich, dass es möglichst einfach und angenehm ist, über das Kampagnengut zu sprechen. Dies muss schon auf der ersten Verbreitungsebene sichergestellt werden. Sollen etwa E-Mails als primärer Überträger des Virus fungieren, ist es notwendig, ein reizvolles Betreff und ein kurzweiliges Anschreiben für das Kampagnengut zu verfassen. Legt man sich hier ins Zeug, schlägt man gleich zwei Fliegen mit einer Klappe. Zum einen erreicht man gleich zu Beginn eine höhere Empfehlungsrate (engl. passalong rate), zum anderen kann sich jeder Empfänger selbst bei der Weiterleitung mit dem lustigen Text brüsten, in dem er einfach die personalisierten Textstellen wie „Viele Grüße Peter" mit seinem Namen ersetzt.

Ähnliches gilt für zwischenmenschliche Konversationen. Auch hier ist es ratsam, sich vorab Gedanken darüber zu machen, wie sich die Zielpersonen über das Kampagnengut austauschen sollen. Erklärungsbedürftige Empfehlungsobjekte profitieren von ein paar knackigen Statements, die in die Präsentation des Kampagneguts eingeflochten werden. Da nicht jeder ein begnadeter Schreiber ist, lohnt sich bei größeren Projekten fast immer die Beauftragung eines professionellen Texters.

Interaktion

Der dritte mögliche Abbruchspunkt folgt unmittelbar während oder nach der Nutzung des Kampagnenguts. Der Konsument beginnt zwar mit dem Empfehlungsobjekt zu interagieren, bricht aber den Empfehlungsprozess vorzeitig ab und gibt keine Informationen an Dritte weiter. Die Gründe für einen solchen Abbruch sind vielschichtig. Die größte Gruppe von Menschen, die sich zwar mit dem Kampagnengut beschäftigt, aber keine Empfehlung ausspricht, ist nicht etwa unzufrieden. Sie ist grundsätzlich nicht so kommunikativ eingestellt. Diese Klientel empfiehlt selten etwas Interessantes weiter. Nur Ideen, die persönlich und emotional berühren, haben eine Chance, auch von diesen „Empfehlungsmuffeln" gewürdigt zu werden. Beim Start seiner Kampagne gilt es – auch wenn es schwierig ist – möglichst wenige dieser Personen anzusprechen.

Ein oft unterschätztes Problem ist die Startzeit einer Kampagne. Zeit ist zu einem knappen Gut geworden. Es gibt Phasen am Tag oder Tage in der Woche, da herrscht regelmäßig Stress, und es gibt Zeiten, da gibt es Freiräume, etwas Neues auszuprobieren. Dass ein Marketingvirus wenig Anklang findet, kann deshalb auch daran liegen, dass der Zielgruppe die Zeit fehlt, sich eingehender mit dem Kampagnengut zu beschäftigen und etwa im E-Mail-Client Adressen von Freunden und Bekannten herauszusuchen und anzumailen. Ist die Weiterempfehlung erst einmal vertagt, sinkt die Wahrscheinlichkeit rapide, dass die Zielperson sich später noch einmal daran erinnert. Angesichts der enormen Informationsflut, der wir ausgesetzt sind, ist dies auch kein Wunder. Viele Konsumenten fragen sich zudem nach ein paar Tagen, ob sie überhaupt noch die ersten sind, die das Kampagnengut weiterempfehlen. Da Menschen bei Unsicherheit lieber erst einmal gar nicht handeln, ist die Verschiebung einer Empfehlung also generell schlecht. Umso wichtiger ist es, die Zielgruppe gerade dann zu erreichen, wenn sie empfänglich für Ihr Anliegen ist. Bei Berufstätigen ist dies beispielsweise wochentags von 12.00 bis 14.00 Uhr sowie zwischen 16.00 und 20.00 Uhr. Hier bestehen meist Freiräume. Erreicht eine E-Mail den Empfänger in dieser Zeitspanne, ist die Wahrscheinlichkeit groß, dass der Nutzer sich eingehender mit der Botschaft beschäftigt, das Kampagnengut kritisch begutachtet und schließlich sogar eine Empfehlung abgibt.

Dennoch darf man sich nicht auf die faule Haut legen. Gründe für eine niedrige Weiterempfehlungsrate sind immer auch im Empfehlungsobjekt selbst zu suchen. Baut es keinen unmittelbaren Druck im Inneren der Zielpersonen auf, bei nächster Gelegenheit sofort Freunden, Bekannten und Kollegen davon zu berichten, wird es die Kampagne schwer haben.

Testen, testen und nochmals testen

Die drei möglichen Abbruchsszenarien zeigen, wie wichtig es ist, seine Kampagne vorab ausführlich zu testen. Erreicht der gewählte Überträger überhaupt die anvisierte Zielgruppe? Ist die virale Botschaft ansteckend genug, dass sich die Konsumenten mit dem Kampagnengut auseinandersetzen? Und ist der richtige Startzeitpunkt gewählt? Will man eine wirkliche Massenepidemie auslösen, müssen auch Kleinigkeiten stimmen. Je nachdem, welche Ziele und Zielgruppen angesprochen werden sollen, heißt es testen, testen und nochmals testen. Vor allem virale Großprojekte beinhalten dadurch einen häufig unterschätzten Kostenfaktor. Dieser wird aber mehr als wettgemacht durch den Wegfall anderer Marketingausgaben für etwa Fernsehspots oder Anzeigen. Reichweite erzielt ein Marketingvirus schließlich durch die Konsumenten selbst.

Zusammenfassung

- Viral-Marketing-Kampagnen lassen sich in drei Grundkategorien unterteilen: Mehrwert orientierte, instrumentelle und Anreiz orientierte Kampagnen.

- Mehrwert orientierte Kampagnen versuchen den Zugewinn an Unterhaltung, Vergnügen, Nutzen, etc., welchen ein Konsument durch die Interaktion mit dem Kampagnengut erhält, zu maximieren. Ziel ist es, eine möglichst authentische Situation zu erzielen, in der potenzielle Kunden sich – wenn überhaupt – nur „spielerisch" mit Produkten oder Marken auseinander setzen müssen.

- Instrumentelle Kampagnen instrumentalisieren das Kampagnengut, um „handfeste" Marketingziele zu erreichen. Hierzu wird die Nutzung des Kampagnenguts in der Regel an Auflagen – wie etwa die Angabe von Adressdaten – geknüpft, deren Erfüllung den eigentlichen Zweck der Kampagne darstellt.

- Anreiz orientierte Kampagnen versuchen hauptsächlich über Prämien und Belohnungen einen Empfehlungsprozess in Gang zu setzen. Die spezifischen Absichten hinter diesem Vorgehen sind vielschichtig und decken das gesamte Spektrum der mit Viral Marketing erreichbaren Ziele ab.

- Die drei zentralen Zielsetzungen des Viral Marketing sind Steigerung der Markenbekanntheit (engl. Brand Awareness), Gewinnung von Kundeninformationen und das Auslösen von Kaufhandlungen.

- Die spezifische Zielsetzung muss für die Erfolgskontrolle des Viral Marketing zu eindeutigen, messbaren, erreichbaren, realistischen und zeitlich machbaren Haupt- und Teilzielen der Kampagne transformiert werden.

- Durch die gezielte Ansprache der anvisierten Zielgruppe lässt sich die Weiterempfehlungsrate auf der ersten Stufe des Empfehlungsprozesses signifikant steigern. Die Bestimmung von kampagnenspezifischen Zielgruppencharakteristika im Rahmen einer detaillierten Zielgruppenanalyse ist dem Kampagnenziel also nur förderlich.

- Wirte im Viral Marketing fungieren als Träger und Verbreiter des Marketingvirus. Wirte sind Menschen oder von diesen geschaffene „künstliche" Virusträger wie etwa eine Website.

- Der Überträger von Marketingviren ist das gesprochene Wort und seine Derivate wie Printmedien, Websites, E-Mails etc.

- Internetspezifische Überträger eignen sich durch ihre multimedialen Eigenschaften, die automatisierbaren Personalisierungsmöglichkeiten sowie die maschinelle Interaktivität besonders gut für das gezielte Auslösen von Mundpropaganda.

- Unter dem Begriff Seeding versteht man das zielgruppenspezifische Streuen des Kampagnenguts zum Kampagnenstart. Dabei wird zwischen zwei Formen des Seeding unterschieden.

- Beim einfachen Seeding wird stark auf einen authentischen Kontakt der Zielpersonen mit dem Kampagnengut geachtet. In der Regel nutzt man als Unternehmen hier den bestehenden Kontakt zu Kunden sowie den Kontakt der Mitarbeiter zu Freunden und Bekannten, um den Marketingvirus zu verbreiten.

- Beim erweiterten Seeding steht eine schnelle und massive Verbreitung des Kampagnenguts im Vordergrund. Hierzu wird das virale Element über möglichst viele Kanäle und Plattformen gleichzeitig verbreitet. Ziel ist es, in kurzer Zeit so viele Kontakte wie möglich zu erzielen. Dafür muss teilweise auch auf die Mittel der klassischen Massenkommunikation zurückgegriffen werden, wodurch auf einen authentischen Empfehlungsprozess häufig verzichtet werden muss.

Weiterführende Literatur und Websites

- „CNN on the Spam Attack?" von David Cohn, Wired Magazine, 2.5.2005, www.wired.com/news/culture/0,1284,67371,00.html?tw=wn_tophead_6
- „Lockruf der großen Rabatte" von Brigitte Koch und Georg Giersberg, Frankfurter Allgemeine Zeitung, 3.1.2005, S. 16
- „Verar***en uns Media Markt und Saturn?", GIGA.de, 4.1.2005, www.giga.de/index.php?storyid=112242
- „Media Markt abgemahnt – Verbraucherzentrale kritisiert Werbekampagne" von Nico Ernst, golem.de, 5.1.2005, www.golem.de/0501/35485.html

■ „MTV2's Two-Headed Dog Isn't Paper-Trained – The Viacom unit breaks the first rule of youth marketing: Dude, be authentic" von Thomas Mucha, 4.2.2005, www.business2.com/b2/web/articles/0,17863,1024784,00.html

6. Erfolgsmessung

In diesem Kapitel erhalten Sie Antworten auf folgende Fragen:

- Warum lässt sich Viral Marketing am besten über das Internet messen?
- Wie lauten die Grundregeln der Erfolgsmessung (im Netz)?
- Welche quantitativen und welche qualitativen Methoden zur Erfolgsauswertung sind Ziel führend?
- Worauf muss in der Praxis der Erfolgsmessung geachtet werden?

6.1 Warum die Erfolgsmessung und -auswertung von Viral Marketing nur im Internet kosteneffizient ist

Generelles Problem der Erfolgsmessung von viralen Kampagnen ist, dass sich Mund-zu-Mund-Propaganda als zwischenmenschlicher Austauschprozess schwer in Kennzahlen fassen lässt. Es gibt einfach kaum Indizien dafür, ob und wann jemand ein Kampagnengut in einem Gespräch erwähnt. Erst hinterher – wenn der Virus bereits große Verbreitung gefunden hat – lässt sich ein Erfolg indirekt über Hilfsgrößen wie erhöhte Verkäufe, Einschaltquoten, Besucher eines Events etc. erkennen.

Natürlich kann man versuchen, über Umfragen oder Zielgruppen-Panels herauszufinden, inwieweit sich das Kampagnengut bereits herumgesprochen hat. Dass eine solche Erfolgsmessung aber sehr problematisch ist, lässt sich leicht veranschaulichen. Angenommen, man will einen Massenmarkt (Zielgruppe: Männer und Frauen im Alter 14 bis 49) ansprechen und die Kampagne erreicht 50 000 bis 100 000 Menschen aus ganz Deutschland. Dann kann dies für ein mittleres Unternehmen ein gewaltiger Erfolg sein. Dass man den Erfolg hingegen über Umfragen stichhaltig nachweisen kann, ist wiederum unwahrscheinlich, da nur 0,3 Prozent der Gesamtzielgruppe überhaupt vom Kampagnengut gehört haben. Selbst bei einer Stichprobe von 1 000 Menschen im Verhältnis zu den anvisierten 30 Millionen Konsumenten haben ja nur maximal drei der Befragten überhaupt Kontakt zum Marketingvirus gehabt. Um statistisch signifikante Aussagen zum Erfolg der Viral-Marketing-Kampagne tätigen zu können, müssten bei dieser Konstellation Zehntausende von Konsumenten befragt werden. Ein illusorisches Unterfangen.

Auch die Messung des Erfolgs über Presseberichterstattungen ist schwierig, da die meisten Medien – wie bereits in Kapitel 3 erläutert – erst sehr spät berichten oder wie in dem beschriebenen Fall von 100 000 erreichten Menschen wahrscheinlich den Erfolg gar nicht würdigen würden.

Die Aussage, dass Viral Marketing grundsätzlich nicht messbar ist, ist dennoch falsch. Zwar ist Mund-zu-Mund-Propaganda bei den meisten Formen der persönlichen Kommunikation mit den klassischen Methoden der Marktforschung derzeit nur bedingt nachweisbar, es wäre aber vermessen zu behaupten, die Marktforschung wäre generell nicht in der Lage, den Erfolg von Weiterempfehlungen zu messen. So gibt es mittlerweile viele Bestrebungen, über die gezielte Identifizierung und Überwachung von hoch kommunikativen Netzwerkmitgliedern wie Meinungsführern, Superspreadern etc., Mund-zu-Mund-Propaganda nachzuweisen. Procter & Gamble hat mit Tremor beispielsweise eine Agentur gegründet, die gezielt Menschen identifizieren soll, die im jeweiligen Zielmarkt häufig Produkte und Kampagnengüter weiterempfehlen. Dadurch soll einerseits der Start von viralen Kampagnen optimiert, aber gleichzeitig auch über gezieltere Befragungen von Schlüsselpersonen der Erfolg einer Kampagne messbarer gemacht werden. Doch der Aufwand und die damit zusammenhängenden Kosten lohnen sich in der Regel nur für virale Großprojekte. Mittlere und kleinere Kampagnen haben das Nachsehen.

Ein anderes Konzept versucht nicht etwa über Befragungen der Zielpersonen den verdeckt stattfindenden Empfehlungsprozess zu messen, sondern ihn indirekt sichtbar zu machen. Die Idee: Auch wenn man nicht in die Menschen selbst hineinschauen kann, lassen sich doch einige Überträger eines Marketingvirus nachverfolgen und in ihrer Verbreitung messen. Daraus lassen sich wiederum indirekt Schlüsse ziehen über den Erfolg einer Viral-Marketing-Kampagne.

Die am besten verfolgbaren Überträger entstammen – wie bereits in Kapitel 4 erläutert – dem Internet. Es sind im Einzelnen:

- E-Mails
- Attachments und
- Websites

Bevor jedoch genauer auf die spezifischen Nachverfolgungsmöglichkeiten dieser Überträger eingegangen wird, ist es sinnvoll, sich zunächst noch einmal die Basisprinzipien der Erfolgsmessung vor Augen zu führen.

6.2 Grundregeln der Erfolgsmessung

In keinem anderen Medium ist es möglich, den Erfolg so effektiv und genau zu messen wie im World Wide Web. Kein anderes Medium verfügt über vergleichbare technologische Möglichkeiten, die Aktionen der Benutzer so genau zu zählen und zu verfolgen. Doch wie genau misst man seinen viralen Erfolg im Internet? Die Antwort ist einfach. Zunächst einmal genauso, wie man auch den Erfolg aller anderen Kommunikationsaktivitäten misst: Erreichen Sie Einvernehmen über das angestrebte Ziel, definieren Sie Erfolgskriterien, überprüfen Sie kontinuierlich die Ergebnisse Ihrer Arbeit, ergreifen Sie notfalls Maßnahmen und überprüfen Sie erneut.

Die nachfolgenden 6 Grundregeln fassen noch einmal kurz die wichtigsten Planungsschritte aus dem vorangegangenen Kapitel zusammen:

1. **Zielsetzung** – Erzeugen Sie Einvernehmen über das, was Sie erreichen wollen bei allen beteiligten Parteien.

2. **Erfolgskriterien** – Definieren Sie präzise Kriterien, die für Sie einen Erfolg darstellen. Dieses können z.B. Abrufe des Kampagnenguts, Verkäufe pro Tag oder auch Informationsanfragen sein. Wichtig ist nur, dass Sie Kriterien verwenden, die auch wirklich für Erfolg stehen, messbar sind und spezifisch der viralen Kampagne zugerechnet werden können.

   Bevor Sie zur Messung Ihres Erfolges schreiten, müssen Sie also zunächst Kennzahlen definieren. Gehen Sie überlegt vor. Was nützt es Ihnen zu wissen, dass Ihre Website im letzten Monat 12 300 Besucher hatte? Diese Zahl hat keinen Aussagewert. Ob 12 300 Besucher ein gutes Ergebnis sind, wissen Sie nur wenn Sie die Zahl im Verhältnis zu den Seitenabrufen des letzten Monats, des letzten Jahres oder im Verhältnis zu Ihren Wettbewerbern betrachten. Ob Ihre Kampagne erfolgreich ist, mag sich aber trotzdem erst herausstellen, wenn Sie Ihre Besucherzahlen ins Verhältnis beispielsweise zu monatlichen Mehrverkäufen oder gesammelten Adressdaten setzen (je nachdem, was die Kernziele der Kampagne sind).

3. **Benchmark** – Die eigentliche Erfolgsmessung ist nichts anderes als der Vergleich Ihrer definierten Kennzahlen mit den Kampagnenergebnissen. Dieser Vergleich wird auch Benchmark genannt.

Wichtig: Beachten Sie den Zeitraum, für den Sie einen Benchmark durchführen wollen. Planen Sie von dem Termin an rückwärts, an dem Sie die Ergebnisse präsentieren müssen. Überlegen Sie genau, ob Sie z.B. die drei Monate der Kampagnendauer oder auch noch nachfolgende Monate betrachten sollten. Wählen Sie den Zeitraum, der Ihnen die kritischen Informationen liefert, die Sie für die Bewertung Ihrer viralen Kampagne benötigen.

4. **Soll-/Ist-Vergleich** – Vergleichen Sie die Ergebnisse Ihres Benchmarks mit Ihrer Zielsetzung. Überprüfen Sie Ihre Ergebnisse intensiv, aber verlieren Sie sich nicht in Zahlen. Erst nach diesem ausführlichen Soll-/Ist-Vergleich können Sie sagen, ob eine virale Kampagne von Erfolg gekrönt war.

5. **Maßnahmen** – Erfolgsmessung ist ein kontinuierlicher Prozess. Schon zu Beginn der Kampagne müssen Sie die Entwicklung Ihrer Kampagne überwachen. Häufig basieren Fehlentwicklungen auf kleinen Mängeln wie etwa einer zu langen URL, einem missverständlichen Satz im Anschreiben, einer zu großen Grafik etc. Stetige Kontrolle kann helfen diese Fehler schnell zu erkennen und rechtzeitig Gegenmaßnahmen einzuleiten. Dabei sind quantitative Messungen ebenso wichtig wie qualitative Validierungen. Anhand der frühen Kritik von Nutzern beispielsweise in Foren, lassen sich auch noch nach dem Start der Kampagne, mögliche Verbesserungspotenziale am Kampagnengut erkennen.

6. **Kontrolle** – ...und kontrollieren Sie erneut.

6.3   Übersicht der Mittel zur Erfolgsmessung und -auswertung von Viral Marketing im Internet

Die Erfolgsmessung und -auswertung des Viral Marketing im Internet fußt auf zwei Säulen: qualitativen und quantitativen Mitteln. Über die quantitativen Methoden lassen sich Häufigkeiten bestimmen wie etwa die Anzahl an Downloads des Kampagnenguts oder die Zahl der abrufenden Nutzer. Über qualitative Mittel ist es möglich, systematisch subjektive Meinungsäußerungen der Nutzer zum Empfehlungsobjekt zu ermitteln und auszuwerten. Kombiniert man schließlich qualitative und quantitative Ergebnisse, so erhält man einen ganzheitlichen Überblick zum Erfolg der viralen Kampagne.

Die nachfolgende Grafik gibt eine Übersicht der Mittel der Erfolgsmessung und -auswertung im Internet.

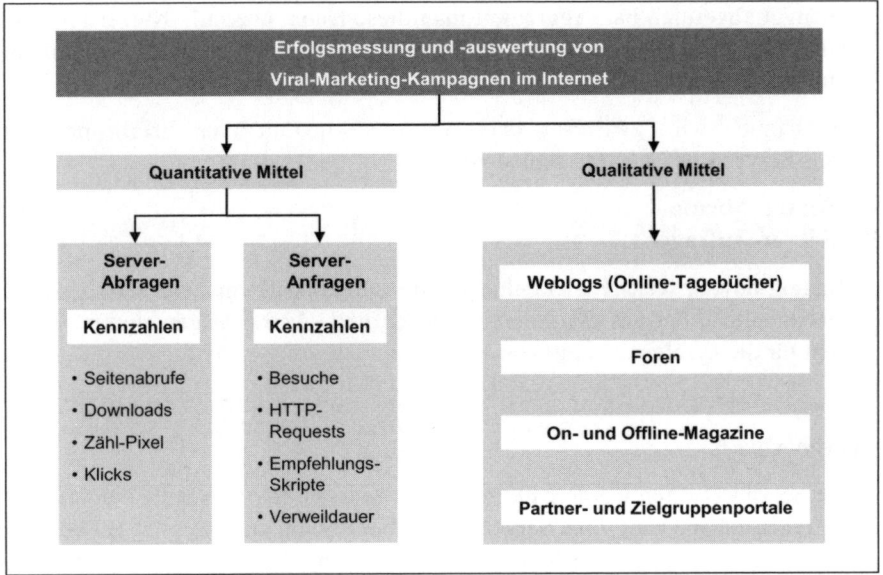

Abbildung 17: Mittel der Erfolgsmessung von Viral Marketing im Internet

6.4 Quantitative Methoden und Techniken der Erfolgsmessung

Die quantitative Kontrolle des Erfolgs eines Marketingvirus im Netz basiert auf der standardisierten Aufzeichnung von „Anfragen" an einen Server. Diese automatisch erstellten Protokolle heißen Logfiles. Anders als man zunächst denkt, sind Logfiles keine Wissensquellen, sondern in der Regel nur sequenzielle Listen von Zugriffen auf Dateien oder Programmbefehle des Servers. Erst mit entsprechender Software lassen sich die Rohdaten zu aussagekräftigen Kennzahlen wie beispielsweise Seitenabrufen oder Downloads zusammenfassen.

Von besonderem Interesse für das Viral Marketing ist, dass Logfiles nicht nur einseitig Abläufe auf dem eigenen Server speichern, sondern ebenfalls Informationen zum anfragenden Computer aufzeichnen. Neben Daten zur Rechnerkonfiguration (wie etwa Betriebssystem, Bildschirmauflösung, etc.) protokolliert der Web-Server u.a. auch eine „eindeutige" IP-Adresse, einen Hinweis zum Provider und ein genaues Datum inklusive Uhrzeit des Zugriffs. Die Auswertung und Analyse von Logfiles ermöglicht somit ebenfalls Aussagen dazu, wie häufig und zu welcher Tageszeit ein spezifischer Nutzer ein bestimmtes Kampagnengut abgerufen hat. Aggregiert man diese Daten über alle Nutzer hinweg, erhält man beispielsweise ein Aktivitätsverteilungsdiagramm der gesamten Kampagne.

Grundsätzlich wird zwischen zwei Arten der quantitativen Erfolgsmessung mittels Server-Logfiles unterschieden:

- **Server-Abrufe**
- **Server-Anfragen**.

Abhängig davon, welche Ziele eine virale Marketing-Kampagne verfolgt, sind unterschiedliche der aus den Server-Abrufen und -Anfragen generierten Kennzahlen für die Erfolgsmessung von Relevanz.

Server-Abrufe

Unter Server-Abrufen werden alle Anfragen an einen Server verstanden, die das Übertragen einer Datei vom Server zum Client beinhalten. Hierzu gehört beispielsweise der Aufruf von HTML-Seiten, Grafiken oder auch MPEG-Videos.

Für das Viral Marketing sind vier Kennzahlen besonders relevant:

- **Seitenabrufe (Page Impressions)** – Zählen die Anzahl von Aufrufen einer oder mehrerer Web-Pages. Nutzt ein Kampagnengut beispielsweise eine Website als Überträger, können die erzielten Sichtkontakte anhand dieser Kennzahl bestimmt werden. Dabei sind nicht nur die Seitenabrufe des eigenen Servers relevant, sondern auch die von Partnern und anderen etwaigen Multiplikatoren. Lassen diese keine direkte Messung zu, so können die Sichtkontakte zumindest anhand vergangenheitsbezogener Page Impressions der spezifischen Websites kumuliert werden.
- **Downloads** – Geben an, wie häufig eine oder mehrere Dateien vom Server heruntergeladen wurden. Verwenden Sie als Empfehlungsobjekt beispielsweise ein lustiges Video, so lässt sich anhand der Downloads ein Eindruck darüber gewinnen, wie viele Nutzer es sich angeschaut haben. Dabei liegt die Betonung auf „einen Eindruck davon bekommen". Denn viele Nutzer leiten ein unterhaltsames Video oder eine witzige Grafik nach dem Download auch gern als E-Mail-Anhang weiter. Dadurch wandern viele Dateien schnell in den schwer überwachbaren „Untergrund" des Internet. Und dieser ist nicht zu unterschätzen. Ersten Untersuchungen des Hamburger Video-Tracking-Spezialisten Dialog Solutions (www.dialog-solutions.de) zufolge ist das Verhältnis von heruntergeladenen zu per E-Mail oder P2P-Börsen getauschten Kampagnengütern der gleichen Kampagne 1 zu 10, d.h. nur zehn

Prozent der tatsächlichen Reichweite lassen sich über direkte Downloads messen.

■ **Zähl-Pixel Abrufe** – Sind ein Zwitter aus Page Impressions und Downloads. Sie dienen in der Regel zur Erfolgmessung der elektronischen Post. Dabei wird in den Überträger „E-Mail" (geht nur im HTML-Format) ein transparentes 1x1 Pixel großes GIF integriert. Öffnet ein Nutzer die präparierte Nachricht, wird die kleine Grafik automatisch vom Server angefordert. Die Gesamtzahl der Abrufe des Zähl-Pixels gibt einen Überblick darüber, wie häufig die ursprüngliche E-Mail weitergeleitet wurde. Genau hier sind aber auch Grenzen dieser Kontrollmöglichkeit. Modifiziert einer der Empfänger die ursprüngliche Nachricht, so dass das Zähl-Pixel gelöscht wird, ist eine weitere Messung nicht mehr möglich.

■ **Klicks** – Messen den Erfolg von Interaktivitätselementen. Beispielsweise integrieren viele Viral-Spots zum Ende des Videos einen Link zur Homepage des Unternehmens oder des vorgestellten Produkts.

Server-Anfragen

Unter Server-Anfragen versteht man die Anfrage eines Client an einen Server. Die Tatsache, dass Logfiles im Rahmen dieses Vorgangs ebenfalls Informationen über den anfragenden Rechner speichern, ermöglicht eine erhebliche Aufwertung der vorangegangenen Kennzahlen. Erhält man über die Auswertung normaler Server-Abrufe nur absolute Zahlen ohne Bezug zu den Nutzern, ermöglicht die Auswertung der Server-Anfragen zumindest Aussagen dazu, wie viele unterschiedliche Rechner auf das Kampagnengut zugegriffen haben. Im Verhältnis zu den Gesamtabrufen lassen sich so beispielsweise Schlüsse über den Suchtfaktor eines Kampagnenguts machen.

Aber nicht nur das. Richtig eingesetzt ermöglicht die Auswertung von Server-Anfragen auch die Messung des Erfolgs in der virtuellen Grauzone: dem Tausch und der Weiterempfehlung der Nutzer untereinander.

Die drei nachfolgenden Kennzahlen sind für das Viral Marketing besonders wichtig:

■ **Besuche (Visits)** – Stellen die Abfragen unterschiedlicher Rechner auf eine Web-Page oder eine Datei dar. Gemessen wird diese Kennzahl über die Auswertung der Zugriffe unterschiedlicher IP-Adressen auf den Server. Visits sind damit das nutzerbezogene Äquivalent zu Seitenabrufen, Downloads, Klicks, etc. Sie erlauben Aussagen darüber, von wie vielen Nutzern ein Kampagnengut abgerufen wurde. Ins Verhältnis gesetzt zu der Gesamtzahl der Abrufe lässt sich beispielsweise absehen, wie oft ein Empfehlungs-objekt von einzelnen Nutzern angefragt wurde.

- **HTTP-Requests** – Sind grundsätzlich nichts anderes als Anfragen verschiedener IP-Adressen an einen Server. Sie werden hier jedoch gesondert aufgeführt, da ihnen im Viral Marketing eine besondere Bedeutung zukommt. Ein HTTP-Request lässt sich nämlich auch in die Programmroutinen von Dateien integrieren, die normalerweise von sich aus nie eine Anfrage an einen Web-Server senden würden. Integriert man beispielsweise einen HTTP-Request in ein Video, so schickt dieser bei jeder Öffnung eine Anfrage an den eigenen Server und übermittelt gleichzeitig die IP-Adresse des Nutzers sowie Tag und Uhrzeit des Zugriffs. Da Anfragen an einen Server nicht unbedingt einen Zweck erfüllen müssen und so programmiert werden können, dass sie vom Nutzer nicht bemerkt werden, eignen sie sich hervorragend dazu, fast jede Datei zu präparieren, die Gefahr läuft, in der Unmessbarkeit des Internets zu verschwinden.

- **Empfehlungs-Skripte** – Werden auf vielen Websites eingebunden, um Nutzern den Empfehlungsprozess zu erleichtern. Anstatt erst ein E-Mail-Programm öffnen zu müssen, bieten diese kleinen Skripte die Möglichkeit, gleich auf der Website E-Mail-Adressen von Freunden und Bekannten anzugeben, an die mit einem personalisierten Anschreiben automatisch ein Tipp gesendet wird. Über die Auswertung der Anzahl der über das Skript ausgesprochenen Empfehlungen lassen sich Rückschlüsse über den Erfolg der Kampagne treffen. Wichtig ist jedoch, diese Zahl im Verhältnis zu anderen Kennzahlen wie etwa Seitenabrufen und Besuchen zu sehen. In der Regel nutzen nämlich weniger als zehn Prozent der Nutzer solche Empfehlungsskripte.

- **Verweildauer** – Hierüber lässt sich ablesen, wie lange sich eine IP-Adresse bzw. ein Nutzer mit dem Kampagnengut beschäftigt. Leider auch nur das. Denn ob eine lange Verweildauer durch Probleme in der Benutzerführung begründet ist oder von einem etwaigen Suchtfaktor des Empfehlungsobjekts herrührt, lässt sich nicht erkennen. Dies ist nur in Verbindung mit anderen Kenzahlen, wie etwa den Seitenabrufen, bewertbar.

6.5 Qualitative Methoden und Techniken der Erfolgsmessung

Fast genauso wichtig wie die quantitative Kontrolle der Kampagnenergebnisse ist die qualitative Auswertung des Erfolgs. Was nützt einem ein Kampagnengut, das zwar hunderttausendfach weiterempfohlen wird, jedoch jedes Mal mit dem Hinweis „Schau' Dir mal diesen Sche*** an"? Das ist natürlich ein Extrem. In der Regel fallen Meinungsäußerungen über ein Empfehlungsobjekt differenzierter und gemäßigter aus. Nichtsdestoweniger lohnt die Sammlung und Bewertung von subjektiven Äußerungen allemal. In frühen Phasen der Kampagne erlangt man so Informationen über notwendige Nachbesserungen – später Gründe und Verbesserungsideen für neue Kampagnen.

Doch wie lässt sich der Erfolg einer Viral-Marketing-Kampagne nun qualitativ messen?

Weblogs (Online-Tagebücher)

Der Siegeszug des Online-Tagebuchs ist nicht mehr aufzuhalten. Betrachtet man Zahlen und Fakten zum Thema Bloggen, bekommt man einen Eindruck davon, wie wichtig das Format "Weblog" mittlerweile geworden ist:

- Elf Prozent der Online-Bevölkerung haben bereits einmal ein Blog gelesen.
- Allein in Nordamerika bloggen mittlerweile über elf Millionen Menschen regelmäßig.
- Weltweit schätzen Marktforscher die Anzahl an Blogs auf 36 Millionen.
- Knapp 100 000 neue Online-Tagebücher (im Text, Foto oder Video Format) kommen täglich hinzu.
- In Deutschland zählt das größte Weblog-Verzeichnis blogg.de mittlerweile über 56 000 regelmäßig geführte Online-Tagebücher.

Da jeder Amateurjournalist regelmäßig über etwas Interessantes berichten muss und sich natürlich von seiner Konkurrenz abheben will, ist die Chance groß, dass ein gut gemachtes Kampagnengut in dem ein oder anderen Online-Tagebuch Erwähnung findet. Wie das eigene Empfehlungsobjekt in einem etwaigen Bericht abschneidet, lässt Rückschlüsse über die Akzeptanz der eigenen Arbeit zu. Aber nicht nur in den Berichten selbst finden sich qualitative Aussagen. Viele große Weblogs können eine aktive Fan-Gemeinde aufbauen, die jeden Artikel pflichtbewusst kommentiert. Auch hier finden sich wertvolle Informationen zur Einschätzung des eigenen Kampagnenguts.

Die Suche nach redaktionellen Erwähnungen in Weblogs fällt relativ einfach. Blogger setzen zu jedem Bericht immer auch einen Link zur empfohlenen Website. Zunächst bietet sich daher ein Blick in die Auswertung der eigenen Logfiles an. Im Abschnitt „Referer" finden sich alle Verweise von externen „Domains" und „URLs" auf Ihre Website. Anhand dieser bekommt man schnell einen Überblick zu allen verlinkenden Websites. Viele downloadbaren Kampagnengüter wandern jedoch flugs auch auf andere Portale und entziehen sich somit der Kontrolle über die eigenen Logfiles. Es ist daher höchst sinnvoll, auch über Google und spezielle Weblog-Verzeichnisse nach redaktionellen Berichten zu suchen.

Foren

Es gibt sie zu jedem Hobby, jedem politischen Thema, jeder Religion, jedem Alter, quasi zu jeder marketingrelevanten Zielgruppe. Allein das deutschsprachige Internet zählt mittlerweile über 10 000 unterschiedliche Foren. Dadurch eignen sich die virtuellen Communities ebenso gut für das Seeding (Säen) wie für eine Qualitätskontrolle. Wird das eigene Empfehlungsobjekt zum Gegenstand einer Diskussion, bekommt man schnell einen Eindruck davon, was daran positiv und negativ empfunden wird.

Die Suche nach relevanten Threads gestaltet sich jedoch ein wenig schwieriger als nach Weblog-Berichten. Dies ist darin begründet, dass viele Foren ihre Nutzer an externe URLs nur über Weiterleitungsskripte verlinken. Diese lassen nur bedingt Rückschlüsse über die Ursprungs-URL bzw. nur Angaben zur Herkunfts-Domain zu, was eine Auswertung über Referer in den Logfiles erschweren oder sogar verhindern kann. Über Suchmaschinen und Foren-interne Suchfunktionen lassen sich relevante Diskussionen dennoch zeitnah identifizieren.

Gestaltet sich die Suche nach relevanten Beiträgen schwierig, ist es überlegenswert, selbst in einem zielgruppenrelevanten Forum eine Diskussion zu starten. Hierbei kommt es aber auf Authentizität an. Seien Sie ehrlich und sagen Sie offen heraus, dass Sie beispielsweise ein kostenloses Tool entwickelt haben und auf Kritik aus der kompetenten Community hoffen. Das kommt wesentlich besser an, als die Aussage „Schaut Euch mal das coole Tool an, habe ich gerade entdeckt." Diskussionsbeiträge der letzteren Art werden schnell von den Forumsmitgliedern als versteckte Werbung enttarnt. Konstruktive Kritik erhält man dann nicht mehr.

Wichtig: Vertrauen Sie nicht blind den Äußerungen irgendwelcher Nutzer – vor allem nicht in Foren. Oft sind es gerade Menschen mit übertriebenem Geltungsbewusstsein, die häufig lieber Stuss schreiben, bevor sie gar nichts zur Diskussion beitragen. Um herauszufinden, mit wem man es zu tun hat, lohnt sich ein Blick in die anderen Diskussionen, an denen der jeweilige Beitragsschreiber beteiligt gewesen ist.

On- und Offline-Magazine

Nach Weblogs und Foren greifen zunächst eZines und später auch Offline-Magazine ein Kampagnengut redaktionell auf. Für eine qualitative Bewertung des Empfehlungsobjekts zu Beginn einer Kampagne ist diese Art der Berichterstattung jedoch zu spät. Da sich gewissenhafte Journalisten Zeit zum Recherchieren nehmen, ermöglichen Beiträge in Fachmagazinen – online wie offline – jedoch häufig ein sehr differenziertes Bild auf die eigene Viral-Marketing-Kampagne und das verwendete Kampagnengut. Diese Informationen sind nicht selten Gold wert, wenn es an die Planung eines neuen Marketingvirus geht.

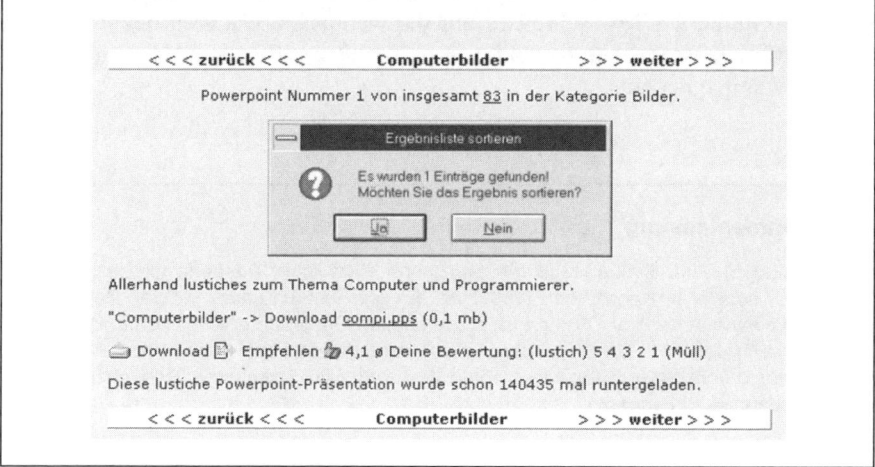

Quelle: lustich.de

Abbildung 18: Bewertungsoptionen auf lustich.de

Partner- und Zielgruppenportale

Zur qualitativen Erfolgsmessung bieten sich schließlich auch Meinungsäußerungen auf Partner- und Zielgruppenportalen an. Hierzu zählen vor allem standardisierte Bewertungen in unterschiedlichen Kategorien. Viele Verzeichnisse wie etwa lustich.de oder bildschirmschoner.de nutzen die Beurteilungen der gelisteten Kampagnengüter, um qualitative Rankings zu erstellen. Bei lustich.de gibt es eine einfache Skala von 1 (Müll) bis 5 (Lustich), auf bildschirmschoner.de können die Nutzer sogar ihr Voting an bestimmten Charakteristika wie „Grafik", „Sound" und „Handling" festmachen. Ganz unabhängig davon, welches Beurteilungsschema das jeweilige Portal verwendet, ermöglichen standardisierte Bewertungen ein relativ breites Spektrum an Nutzereinschätzungen. Auf eine „4" oder „1" zum Bewerten des Kampagnenguts klicken viele Nutzer, einen ausformulierten Text schreiben nur die wenigsten. Dadurch bekommt man ein undifferenziertes, aber zumindest repräsentatives Bild von der Qualität des eigenen Kampagnenguts.

Zusammenfassung

-   Mund-zu-Mund-Propaganda als zwischenmenschlicher Austauschprozess lässt sich schwer in Kennzahlen festhalten. Es gibt einfach kaum Indizien dafür, ob und wann jemand ein Kampagnengut in einem Gespräch erwähnt. Erst hinterher – wenn der Virus bereits große Verbreitung gefunden hat – lässt sich ein Erfolg indirekt über Hilfsgrößen wie erhöhte Verkäufe, Einschaltquoten, Besucher eines Events etc. erkennen.

-   Als einziges Medium bietet das Internet die Möglichkeit, quasi „live" den Erfolg einer Viral-Marketing-Kampagnen zu messen. Mittel zum Zweck sind die Überträger des Virus. Dabei wird nicht der Empfehlungsprozess an sich überwacht, sondern nur die Verwendung unterschiedlicher Überträger gemessen. Über diese Daten lassen sich wiederum indirekt Aussagen über den Erfolg der Kampagne treffen.

-   Grundsätzlich wird bei der Erfolgsmessung von Viral Marketing im Internet zwischen quantitativer und qualitativer Erfolgskontrolle unterschieden.

-   Die quantitative Erfolgskontrolle basiert auf den Aufzeichnungen der „Anfragen" an einen WebServer. Server-Abrufe geben dabei die Zahl der gesendeten Dateien von einem Server zu einem Client an (beispielsweise zusammengefasst als Downloads, Seitenabrufe etc.) und Server-Anfragen die Requests eines Clients an einen Server (beispielsweise zusammengefasst als Visits, Unique Visitors etc.) wieder. Über Server-Anfragen und -Abrufe lässt sich relativ genau bestimmen, wie häufig ein Kampagnengut genutzt wird und von wem.

- Die qualitative Erfolgmessung basiert auf der Auswertung von Meinungsäuße-rungen über das Kampagnengut in Weblogs, Foren, On- und Offline-Magazinen sowie auf Partner- und Zielgruppenportalen.

- Kombiniert ermöglichen die qualitativen und quantitativen Mittel der Erfolgsmes-sung eine fundierte Einschätzung der Kampagnenergebnisse und des Kampag-nenerfolgs.

7. Fallstudien

7.1 Die Anfänge des Viral Marketing: die Hotmail-Legende

Kurzzusammenfassung

Wer sich mit Viral Marketing beschäftigt, stößt unausweichlich auf den Namen: Hotmail.com. Der kostenlose E-Mail-Dienst gilt als Paradebeispiel für das gezielte Auslösen von Mund-zu-Mund-Propaganda. Mit einem nicht erwähnenswerten Werbebudget gelang es dem Internetangebot, innerhalb von nur eineinhalb Jahren zwölf Millionen Nutzer zu akquirieren. Doch als der Dienst ins Leben gerufen wurde, hatten die Gründer keine Ahnung davon, dass eine ihrer Werbemaßnahmen einmal in die Geschichte des Marketing eingehen würde. Schlimmer noch: Es war noch nicht einmal ihre Idee.

Hintergrundgeschichte

Die Erfolgsgeschichte von Hotmail beginnt im Silicon Valley. Nachdem die Java-Tüftler Bhatia und Smith bereits bei über 15 Venture Capitalists vorgesprochen hatten, landeten sie bei Draper Fisher Jurvetson (DFJ). Aber auch diese Investoren fanden keinen Gefallen an der Geschäftsidee, eine persönliche, passwortgeschützte Datenbank im Internet anzubieten. Nur ein kleiner Bestandteil des Gesamtkonzepts weckte das Aufsehen der Finanziers: ein kostenloser werbefinanzierter E-Mail-Service. Anderthalb Wochen später erhielten die Unternehmer 300 000 Dollar Grundkapital, und Hotmail war geboren.

Herausforderung

Die Zeichen für das Start-up von Sabeer Bhatia und Jack Smith standen nicht zum Besten. Zwar war der Einfall, einen kostenlosen webbasierten E-Mail-Dienst anzubieten, revolutionär – kaum jemand hatte etwas Vergleichbares zu bieten –, doch es standen nicht annähernd die Mittel zur Verfügung, den neuen

Service angemessen zu vermarkten. Gerade einmal 50 000 Dollar hatten die Unternehmer für Werbemaßnahmen eingeplant.

Kampagnenüberblick

Bei der ersten Sitzung des Vorstands von Hotmail kam deshalb natürlich das Thema Vermarktung zur Sprache. Neben der Nutzung von klassischen Kommunikationsinstrumenten machte Tim Draper von DFJ den Vorschlag, doch einfach an jede versendete E-Mail ein „P.S.: Get your free e-mail at www.hotmail.com" zu hängen. Diese Idee stieß jedoch bei Bhatia und Smith auf großen Widerstand. Das Internet steckte noch in seinen Kinderschuhen. Die Gründer hegten deshalb die Befürchtung, dass User den E-Mail-Service boykottieren könnten, da er neben den Bannern auf der Hotmail-Website, sogar einzelne E-Mails mit Werbung versah. Fraglich war für sie auch, ob sich ein Hotmail-Nutzer freiwillig als Nutzer einer kostenlosen E-Mail-Adresse outen würde. Und könnte das „PS" am Ende jeder Mail nicht schließlich auch als persönliche Note des Senders an den Empfänger und somit als Täuschung ausgelegt werden?

Auf der anderen Seite stand die Meinung der Kapitalgeber. Sie vertraten den Standpunkt, dass die kurze Werbemitteilung akzeptiert und als Teil des Service geduldet werden würde. Es war klar, wer am längeren Hebel saß. Auf Drängen der Gründer wurde das „PS" zwar gestrichen, aber jede E-Mail mit dem automatischen Werbehinweis versehen.

Das clevere Hotmail-Konzept

Die Bekanntheit von Hotmail kam nicht von ungefähr. Der Erfolg des E-Mail-Dienstes basierte auf einer fünfstufigen Erfolgskette:

Stufe 1: Interessierte Nutzer konnten bei hotmail.com ein kostenloses E-Mail-Account einrichten.

Stufe 2: Bei Versand einer Nachricht hängte der E-Mail-Dienst den kurzen Satz „Get your free e-mail at hotmail.com" ans Ende der Nachricht.

Stufe 3: Wenn der Empfänger die E-Mail abrief, las er diese kurze, klare Werbemitteilung.

Stufe 4: Er richtete sich bei Bedarf seinerseits ein kostenloses Account ein und versendete ebenfalls Nachrichten, an die der gleiche Satz gehängt wurde

Stufe 5: ... und so weiter.

> Innerhalb kürzester Zeit erfuhr Hotmail auf diese Art und Weise eine unge-
> heure Bekanntheit. Anfang 2005 verwaltete das Unternehmen bereits über
> 187 Millionen Mitglieder-Accounts und erzielte weit über eine Milliarde Page
> Impressions im Monat (Quelle: MSN.de).

Kampagnenstart und -verlauf

Der Start von Hotmail am 4. Juli 1996 stand unter keinem guten Stern. Der amerikanische Unabhängigkeitstag war zwar sehr symbolträchtig, jedoch hatten die beiden Gründer nicht berücksichtigt, dass auch die Mehrzahl der Journalisten an diesem Tag frei hatte. Die Inbetriebnahme des kostenlosen E-Mail-Dienstes zog also kaum Medienecho nach sich. Kombiniert mit dem geringen Werbebudget aus Marketingsicht alles andere als ein gelungener Start.

Erfolgsmessung

Die Erfolgsmessung erfolgte anhand der Zahl der eingerichteten E-Mail-Accounts und auf Basis der Server-Logfiles von hotmail.com.

Um einen Überblick über die Reichweite des Dienstes zu bekommen, wertete das Start-up auch die freiwilligen Angaben der Nutzer zu ihrer Person aus. So erhielt Hotmail ebenfalls Hinweise darauf, wie sich die Informationen über den kostenlosen E-Mails-Service in sozialen Netzwerken verbreiteten.

Erfolgsauswertung

Trotz des verbesserungswürdigen Starts von Hotmail richtete sich nach nur sechs Monaten bereits der Millionste Surfer ein Postfach ein. Bei näherer Betrachtung zeigte sich, dass die Nutzer dabei nicht nur aus den USA kamen, sondern aus der ganzen Welt. Bedenkt man, dass Hotmail mit Werbeaktionen nur auf dem US-amerikanischen Markt zugegen war, erscheint der Erfolg noch unglaublicher.

Das clevere Konzept der Venture Capitalists war aufgegangen. Mit jeder versendeten E-Mail bewarben die Nutzer die Dienstleistung von Hotmail. Und nicht nur das: Hotmail erhielt durch das ungewöhnliche Format einen enormen Vertrauens- und Glaubwürdigkeitsvorschuss. Schließlich zeigten die Nutzer des E-Mail-Dienstes ja mit jeder versendeten Nachricht, dass man seine privaten Nachrichten ruhig Hotmail anvertrauen konnte. Die unausgesprochen Botschaft lautete: „Wenn dein Freund mit dem Service zufrieden ist, warum nicht auch du?"

Dass Hotmail innerhalb von nur sechs Monaten eine Millionen Nutzer gewinnen konnte, lag aber nicht nur an dem revolutionären Vermarktungskonzept, sondern ließ sich zum Teil auch auf eine sehr kontaktfreudige Nutzergruppe zurückführen: Studenten. Sie zählten zu den ersten Nutzern des E-Mail-Providers. Meldete sich beispielsweise ein Student aus einer großen Universität an, waren es einen Tag später von derselben Universität schon ein halbes Dutzend. Am nächsten Tag waren es bereits 100 Studenten und nach einer Woche zählten die Hotmail-Macher nicht selten 1 000 registrierte Accounts von derselben Uni. Dann schwappte die Welle meistens zu nächsten Hochschule, wo sich das ganze Spiel wiederholte.

So wuchs Hotmail zunächst im Untergrund und war nach einem halben Jahr bereits so weit verbreitet, dass es allen Wettbewerbern uneinholbar voraus lag. Die epidemische Verbreitung war nicht mehr aufzuhalten.

Mittlerweile ist die Geschichte der Entrepreneure Sabeer Bhatia und Jack Smith im Silicon Valley zur Legende geworden. Hotmail – mittlerweile im Besitz von Microsoft – dient noch heute als Paradebeispiel für das Viral Marketing und wurde nahezu ein zu eins von vielen anderen Anbietern kopiert.

Weiterführende Literatur und Websites

- "Viral Marketing " von Steve Jurvetson und Tim Draper, DFJ, 1.5.1997, www.dfj.com/cgi-bin/artman/publish/steve_tim_may97.shtml
- "What is Viral Marketing" von Steve Jurvetson, DFJ, 1.5.2000, www.dfj.com/cgi-bin/artman/publish/steve_may00.shtml
- "Mythos Hotmail" von Vera Krauße und Thomas Zorbach, vm-people.de, 2001, www.vm-people.de/de/vmknowledge/casestudies

7.2 Das Blair Witch Project

Kurzzusammenfassung

Hollywood gilt seit jeher als Traumfabrik. Hunderte von Millionen Dollar investieren die Filmstudios jedes Jahr in die Produktion und in die Vermarktung ihrer Filmprojekte. Doch zwei junge Filmemacher zeigten 1999, dass Illusionen und Mythen auch wesentlichen kostengünstiger geschaffen werden können. Mit einem minimalen Budget schaffte es ihre Pseudo-Dokumentation „The Blair Witch Project" mit den Mitteln des Viral Marketing bis an die Spitze der Kinocharts. Die Erfolgsgeschichte des Horrorfilms zählt heute zu den Klassikern im Virusmarketing.

Quelle: www.amazon.de

Abbildung 19: DVD-Cover des Kassenschlagers Blair Witch Project

Hintergrundgeschichte

1785 wird in der Gemeinde Blair in Maryland eine gewisse Elly Kedward von den Dorfkindern als Blutsaugerin beschuldigt. Als die Bewohner daraufhin die vermeintliche Hexe im Winter aus ihrem Dorf verbannen, beginnt es im Folge-jahr im nahe gelegenen Wald zu spuken. Im November 1786 verschwinden auf mysteriöse Art und Weise alle Kinder, die Elly angeklagt haben, aus dem Dorf. Für die Bewohner ist klar, dass sie verflucht wurden. Der Name „Elly" wird aus dem Sprachgebrauch gestrichen.

Knapp 40 Jahre später wird am Ort des vorherigen Blair die Stadt Burkittsville gegründet. Obwohl allgemein vermutet wird, dass Elly Kedward mittlerweile im Wald zu Tode gekommen sein müsste, hören die mysteriösen Vorfälle nicht auf. Im Jahr 1825 kehrt die elfjährige Eileen vom Spielen nicht nach Hause zurück. Danach verschwinden ungefähr alle 60 Jahre abwechselnd Kinder und die aus-geschickten Suchtrupps. Mal wird keine Leiche gefunden, mal sind die gefun-denen Toten gefesselt und ausgeweidet.

Ein hervorragender Stoff für einen Dokumentarfilm. Das denken sich auch die drei Collegestudenten Heather Donahue, Joshua Leonard und Michael Williams. Im Rahmen einer Semesterarbeit wollen sie im Jahr 1994 die Legenden um die Blair Witch untersuchen und vorstellen. Bewaffnet mit einer Hi-8-Videokamera und einer 16-mm-Kamera begeben sich die Studenten nach Burkittsville, führen Interviews und versuchen so, dem Mythos auf die Schliche zu kommen. Als zwei Fischer den drei Studenten den Weg zum „Coffin Rock" weisen, wo einst die ausgeweideten Körper eines Suchtrupps gefunden wurden, schultern die drei jungen Filmemacher ihre Ausrüstung und begeben sich auf eine Entdeckungs-tour in die naheliegenden Wälder. Nach dem Gespräch mit den Fischern werden die Studenten nicht mehr lebend gesehen.

Eine Woche später durchsuchen Polizei und Freiwillige zehn Tage lang den Wald, ohne einen Hinweis auf die Vermissten zu finden.

Erst ein Jahr später entdecken Anthropologiestudenten unter einer Waldhütte einen alten Seesack. Der Inhalt: Elf Rollen Schwarzweißfilm, zehn Videokasset-ten und das Tagebuch von Heather. Die Polizei, die das Material untersucht und „in Teilen" den Angehörigen zugänglich macht, hält es für gefälscht. Doch die Mutter von Heather lässt sich nicht so einfach abweisen. Sie beauftragt das Unternehmen Haxan Film damit, die Vorgänge anhand des Videomaterials zu rekonstruieren.

So viel zur größtenteils erfundenen Hintergrundgeschichte.

Herausforderung

Der Mythos um die Hexe von Blair war für Daniel Myrick und Eduardo San-chez ein gefundenes Fressen. Die Legende passte hervorragend zu ihrer Idee, eine Pseudo-Dokumentation mit authentischen Horrorszenen zu drehen. Mittel zum Zweck sollten die fiktiven Erlebnisse von drei Filmstudenten sein, die bei ihren Recherchen zu einer düsteren Horror-Legende selbst zum Opfer des Grauens werden und spurlos verschwinden.

Myrick und Sanchez wollten mit diesem Projekt etwas ganz Neues ausprobieren. Anstatt die Zuschauer mit professioneller Kameraführung und dunkler Musik zum Zittern zu bringen, schwebte den Jungregisseuren ein authentisches Angst-Erlebnis vor: amateurhafte Filmszenen, reale Dialoge und echte Gefühle. Ein Erlebnis, so wie es nur die Realität selbst zu vermitteln vermag. Mit einem Budget von knapp über 30 000 Dollar und einem groben Skript machten sich die Filmemacher im Oktober 1997 auf nach Burkittsville.

Um die Geschichte der drei Studenten möglichst authentisch abzubilden, arbeiteten die Filmemacher mit vollkommen unbekannten Schauspielern. Auch ein Drehbuch gab es nicht. Alle Dialoge wurden von den Darstellern auf Basis einiger grundsätzlicher Handlungsanweisungen der Regisseure improvisiert. Dass alle Szenen wirklich authentisch wirkten, lag zum einen daran, dass die Schauspieler teilweise allein im Wald unterwegs waren und echte Angst verspürten. Zum anderen durften die drei „Studenten" von Tag zu Tag – analog zur Filmhandlung – weniger Essen, was die Glaubwürdigkeit der Darstellung noch weiter erhöhte.

Quelle: www.blairwitch.com

Abbildung 20: Gefälschte Suchanzeigen sollten die Glaubwürdigkeit des Blair Witch Project erhöhen

Doch so ungewöhnlich die Idee für das Projekt auch gewesen sein mag, die
Sterne standen nicht besonders gut für das „Blair Witch Project". Vielen engagierten Filmemachern bleibt trotz genialer Ideen der Weg zum finanziellen Erfolg versperrt. Der Filmmarkt ist hart und wird von Konzernen dominiert, die
für die Vermarktung eines einzigen Films zweistellige Millionenbeträge ausge-
ben. Die Newcomer mussten sich also etwas Besonderes einfallen lassen, um an
den traditionellen Kanälen vorbei ein Massenpublikum zu erreichen.

Kampagnenüberblick

Die Kampagne zum Film „Blair Witch Project" umfasste eine Vielzahl von
Online- und Offline-Elementen, die geschickt miteinander verknüpft wurden.
Schritt für Schritt säten Myrick und Sanchez Gerüchte über das Verschwinden
von drei Studenten in den Wäldern nahe Burkittsville und über die von der Poli-
zei sichergestellten Amateuraufnahmen der Verschollenen. Um die Illusion
perfekt zu machen, fälschten die Filmemacher Interviews, Polizeifotos sowie
Nachrichtensendungen. Dieses Material wurde Häppchenweise der wachsenden
„Fan-Gemeinde" und den Medien zur Verfügung gestellt.

Das Timing spielte für den Erfolg der Blair-Witch-Kampagne eine besondere
Rolle. Damit die Geschichte auch glaubwürdig erschien, mussten nicht nur alle
Fotos und Augenzeugenberichte echt wirken, sondern auch der zeitliche Ablauf
realistisch sein. Schon ein Jahr vor dem Dreh des eigentlich Films (also zwei
Jahre, bevor der Film in die Kinos kam) begannen die Jungregisseure deshalb,
Informationen zu den Vorfällen unter die Leute zu bringen. Gleichzeitig teilten
sie der Öffentlichkeit mit, dass sie mit der Rekonstruktion des brisanten Video-
materials beauftragt wurden. Ziel der Strategie war es, geschickt die kritischen
Beurteilungsmechanismen des Zielpublikums zu unterwandern.

Durch die informative „Tröpfchen-Taktik" hatten viele Menschen ein Jahr vor
Kinostart bereits irgendwie vom „Blair Witch Project" gehört. Doch durch die
restriktive Informationspolitik wusste kaum jemand genau, woher er von der
Geschichte gehört hatte. Der Effekt: Viele nahmen einfach an, dass irgend etwas
an der Geschichte dran sein musste.

Kernelemente der Kampagne

Kernelement der viralen Kampagne war die erfundene Geschichte über das
mysteriöse Verschwinden der Filmstudenten und die mögliche Aufklärung der
Vorkommnisse durch ihre Videoaufzeichnungen. Diese Story faszinierte die

Menschen so sehr, dass sie angeregt darüber diskutierten und die Gerüchte über die Geschehnisse in den Wäldern Marylands immer weitere Kreise schlugen.

Um dem Interesse der Filmfans ein Ziel zu geben, schafften Myrick und Sanchez die Website www.blairwitch.com. Hier stellten die Filmemacher ihr Projekt ausführlich vor. Doch anders als bei herkömmlichen Filmproduktionen pries die Website nicht Inhalt, Schauspieler und Kinostart, sondern erzählte wesentlich genauer als alle Gerüchte die Geschichte der drei Studenten, die auf mysteriöse Weise bei einer Dokumentation in der Wäldern bei Burkittsville ums Leben kamen. Die Jungregisseure verzichten auf jegliche Art „verkaufsfördernder" Informationen zu Gunsten einer realistischen Präsentation ihres Dokumentarprojekts.

Damit die Website auch den beabsichtigten Zweck erfüllte, enthielten alle viralen Maßnahmen an gut sichtbarer Position die URL zum Dokumentarprojekt. Später verwiesen auch die Medien regelmäßig auf diese Domain.

Die Website www.blairwitch.com wurde im Lauf der viralen Kampagne sukzessiv mit Inhalten ergänzt. Kurz vor Kinostart konnten die nachfolgenden Inhalte von interessierten Nutzern abgerufen werden:

- **Mythologie** – Eine tabellarische Auflistung der wichtigsten Ereignisse rund um den Blair-Witch-Mythos führte in die Thematik ein. Ergänzt wurde die Liste mit historischen Zeichnungen und Bildern.
- **Informationen über die Studenten** – In diesem Bereich der Website wurden Fotos und Videos von den Studenten – bevor sie verschwanden – gezeigt, sowie ein paar erläuternde Worte zu den Charakteren abgegeben.
- **Suche** – Dieser Bereich der Website war am aufwändigsten gestaltet. Hier fanden sich zig gefälschte Fotos von der Suchaktion, Interviews mit Polizisten, Detektiven oder Freiwilligen sowie Videos mit Ausschnitten aus Nachrichtensendungen über das Verschwinden und die Suche nach den vermissten Studenten.
- **Filmmaterial** – Hier wurden unter anderem die verwitterten Filmrollen, Ausschnitte der gefundenen Filme und ausgewählte Seiten aus Heathers Tagebuch vorgestellt. Der Fokus lag – genau wie bei den anderen Teilbereichen der Website – auf einer möglichst glaubwürdigen Darstellung. Um die Echtheit des Materials zu untermauern, fanden sich hier beispielsweise auch authentisch aussehende Beweisfotos der Polizei aller Objekte aus dem Seesack.

Wer nicht wusste, dass alle Ereignisse rund um die drei Studenten erfunden waren, hatte es sehr schwer zu erkennen, dass es sich hier um eine Website zu einem kommerziellen Filmprojekt handelte.

Quelle: www.blairwitch.com

Abbildung 21: Gefälschte Polizeifotos der Suchaktion

Weiterempfehlungsanreize und Rahmenbedingungen

Die virale Kampagne zum „Blair Witch Project" umfasste keine spezifischen Weiterempfehlungsanreize. Die Regisseure Myrick und Sanchez vertrauten auf die Qualität ihrer erdachten Geschichte um die vermissten Studenten und der Faszination, die von ihr ausgeht.

Künstlich erschaffen Empfehlungsanreize (wie beispielsweise die Teilnahme an einem Gewinnspiel) hätten zudem den authentischen Charakter der Kampagne unterwandern können. Die Tatsache, dass es sich womöglich um eine professionell geplante Verbreitung von Gerüchten hätte handeln können, hätte den beabsichtigten Effekt durchaus konterkarieren können.

Kampagnenstart und -verlauf

Die virale Kampagne für „The Blair Witch Project" begann am 15. August 1997. An diesem Tag sendete der unabhängige Fernsehsender „Independent Film Channel" in der Show „Split Screen" einen ungewöhnlichen Beitrag. In der knapp zehnminütigen Dokumentation berichtete der Sender von dem mysteriösen Verschwinden dreier College-Studenten in den Wäldern Marylands. Ebenfalls Erwähnung fand ein unheimlicher Hexenmythos, der mit dem Verschwinden der Studenten in Verbindung gebracht wurde.

Neben Angehörigen der Vermissten, Polizisten und Augenzeugen kamen in dem Beitrag auch die zwei Regisseure Daniel Myrick und Eduardo Sanchez zu Wort. Sie erklärten, dass sie in Besitz des durch Zufall gefundenen Filmmaterials der Studenten gekommen seien. Die Dokumentation endete schließlich mit dem Cliffhanger, dass in einer der nächsten Sendungen von „Split Screen" Ausschnitte des brisanten Materials vorgestellt würden.

Schon zu Beginn der viralen Kampagne verwischten die Filmemacher also die Grenzen zwischen Realität und Fiktion. Denn noch nicht einmal das versprochene Material war zu diesem Zeitpunkt abgedreht. Das Risiko, Zuschauer bewusst für ihre Zwecke zu täuschen, nahmen der Moderator und die Filmemacher in Kauf. Sie spekulierten darauf, dass sich die öffentliche Wahrnehmung durch ihre Taktik erhöhen würde.

Alle viralen Maßnahmen im Rahmen des Seeding der Blair-Witch-Geschichte und der dazugehörigen Website www.blairwitch.com setzten konsequent auf dieses Konzept: Reale Schauplätze, Hexenmythos und die erfundene Geschichte über die Studenten werden zu einem glaubhaften und faszinierenden Ganzen verknüpft.

Doch ein glaubwürdiges Horrorszenario erschafft man nicht über Nacht. Viele sich ergänzende Einzelmaßnahmen waren nötig, um mit dem „Blair Witch Project" schließlich ein Massenpublikum zu erreichen. Zur besseren Übersicht werden die einzelnen Maßnahmen im Rahmen der zweijährigen viralen Kampagne im Folgenden tabellarisch aufgelistet:

- **August 1997:** Der „Independent Film Channel" sendet eine Dokumentation über drei Collegestudenten, die in den Wäldern von Maryland im Rahmen eines Filmprojekts über einen Hexenmythos verschwunden sind. Die Filmemacher Myrick und Sanchez berichten in dem Fernsehbeitrag, dass sie im Besitz von Filmmaterial sind, das die letzten Tage der Studenten in den Wäldern vor Burkittsville zeigt. Dass der Beitrag gefälscht ist, ist mit dem Moderator abgesprochen. Die Aktion verfolgt den Zweck, die Wahrnehmung des Projekts zu erhöhen.
- **April 1998:** Der zweite Bericht auf dem „Independent Film Channel" enthüllt erste Ausschnitte aus den Aufnahmen der Studenten. Die Qualität ist miserabel: Verwackelte Einstellungen und schlecht ausgeleuchtete Nachtaufnahmen überwiegen. Dennoch oder gerade deswegen treffen die Bilder die Erwartungen der Zuschauer. Moderator John Pierson äußert in seiner Abmoderation erste Zweifel an der Echtheit des Materials und fordert die Zuschauer auf, darüber im Internet zu diskutieren. Ein kluger Schachzug: Innerhalb kurzer Zeit füllt sich das Forum des Moderators mit Hunderten von Einträgen.

- **Juni 1998:** Myrick und Sanchez stellen die erste Website zu Ihrem Filmprojekt ins Netz. Unter www.blairwitch.com finden interessierte Nutzer ein Forum, in dem das Dokumentarprojekt diskutiert werden kann. Des weiteren gibt es Ausschnitte des Videomaterials sowie einführende Erläuterungen zum Hexen-Mythos und dem Verschwinden der Studenten.
- **Dezember 1998:** Noch bevor der Film uraufgeführt wird, geht die erste Fan-Site online. Ihr folgen mindestens 19 weitere von Fans ins Leben gerufene Online-Projekte, eine Mailinglist, ein Webring und eine Newsnet Group.

Da die Blair-Witch-Dokumentation genauso wie die Vorgeschichte der Studenten frei erfunden ist, stellt sich die Frage, woher die Betreiber dieser Sites ihre Informationen bekamen. Hierzu existieren zwei Theorien: Zum einen könnten die Blair-Witch-Macher die einzelnen Sites mit Insider News versorgt haben. Zum anderen besteht ein begründeter Verdacht, dass auch die Erstellung von Fan-Sites von Anfang an Bestandteil der Internetkampagne gewesen sein könnte. Die Webmaster des „Blair Witch Project Fanatic's Guide" Abigail Marceluk und Eric Alan Ivins geben beispielsweise an, nur sehr engagierte Fans zu sein. In Begeisterung für den Film fordern sie alle Besucher ihrer Website auf, das „Blair Witch Project" auf bekannten „Movie Sites" positiv zu bewerten.

Abigail und Eric tauchen jedoch später noch in einem anderen Zusammenhang auf, nämlich im Rahmen einer Dokumentation auf dem „Sci-Fi Channel": Abi und Eric sind die zwei Anthropologie-Studenten, die zufällig das Filmmaterial der verschwundenen Studenten finden.

- **Januar 1999:** Harry Knowles – angesehener Insider im Filmgeschäft – lobt auf der hochfrequentierten Website „Ain't it Cool News" das „Blair Witch Project" und weist gleichzeitig auf ein Filmfestival hin: „As for movies coming up at SUNDANCE [Film Festival] the one to see is THE BLAIR WITCH PROJECT!!!, the most creepy, fuckin mockumentary made …ever." Insgesamt wird das „Blair Witch Project" in der Folgezeit über zwölfmal auf „Ain't It Cool News" von unterschiedlichen Autoren besprochen – jedes Mal positiver als vorher. Die Intensität, mit der „The Blair Witch Project" auf der Online-Plattform gepusht wird, lässt Insider später vermuten, dass Myrick und Sanchez entweder sehr gute Beziehungen zu den Machern der Website gehabt haben müssen, oder einer der Online-Redakteure direkt in das Filmprojekt involviert gewesen ist.
- **Januar 1999:** Nach dem Sundance Film Festival kauft der bis dato relativ unbekannte Filmverleih „Artisan Entertainment" die Vermarktungsrechte am „Blair Witch Project" für 1,1 Millionen Dollar. Myrick und Sanchez werden darüber hinaus an den Einnahmen beteiligt. Wettbewerber belächeln die Risikofreude von Artisan.

- **April 1999:** Die Website www.blairwitch.com wird komplett überarbeitet und bekommt ein professionelles, schwarzes Design. Die Informationen werden ausführlicher, und mehr gefälschte Bilder und Videos finden ihren Weg ins Internet.

- **April 1999:** Um die Qualität des Films zu überprüfen und um die Gerüchteküche weiter anzuheizen, organisiert „Artisan" Testvorführungen des Films in 40 Colleges in den 20 wichtigsten „Märkten" der USA.

- **April 1999:** Der erste Trailer des Films findet seinen Weg auf die „Ain't it Cool News"-Website. Da der Trailer als Download und nicht als Stream angeboten wird, kursiert er bald ebenfalls per E-Mail-Anhang oder als interessantes Tauschobjekt in P2P-Tauschbörsen. Im gleichen Monat informiert „Artisan" noch 2 000 weitere Journalisten über das mysteriöse Dokumentarprojekt.

- **April bis Juli 1999:** Die Medien sind von der Pseudo-Dokumentation begeistert. Presseartikel und Fernsehberichte reihen sich nach kurzer Zeit aneinander. Geschickt spielen Myrick und Sanchez mit der Diskussion um die Echtheit der Dokumentation. Streng nach der Devise „Glaube nichts, bevor es nicht dementiert wurde" erzählen sie den Medien, dass das ganze Material gefälscht sei. Im Kontakt mit der Fan-Gemeinde halten die Filmemacher jedoch weiterhin an der Echtheit ihrer Geschichte fest.

- **Mai 1999:** MTV sendet in seinen NEWS-Sendungen einen mehrminütigen Beitrag über die Fan-Sites zum „Blair Witch Project". Eindrucksstark und glaubwürdig erreicht die Pseudo-Dokumentation so kurz vor dem Kinostart die sehr wichtige Altergruppe der 13- bis 25-jährigen Kinogänger.

- **Juli 1999:** Der „Sci-Fi Channel" sendet eine einstündige Dokumentation mit dem Titel „Curse of the Blair Witch", die Myrick und Sanchez aus überschüssigem Material vom Dreh zusammenstellen. Der Beitrag enthüllt weitere Einzelheiten zum mysteriösen Verschwinden der Studenten und wird aufgrund hoher Einschaltquoten mindestens sechsmal wiederholt.

- **Juli 1999:** Um kurz vor Kinostart noch mehr potenzielle Zuschauer auf die Website zu locken, schaltet der Filmverleiher „Artisan" Werbung im Fernsehen und in den Printmedien. Die Anzeigen sind sehr simpel gehalten und haben als Kernelement die URL www.blairwitch.com.

- **Juli 1999:** Am 16. des Monats kommt der Film endlich in die Kinos. Doch obwohl das „Blair Witch Project" vom Start weg in 2 000 Lichtspielhäusern hätte starten können, entscheiden sich Filmverleih und Filmemacher dazu, die Dokumentation zunächst nur 27 Programmkinos zur Verfügung zu stellen. Auch in der darauf folgenden Woche wird nicht das ganze Potenzial ausgeschöpft. Nur 1 100 Kinos erhalten eine Kopie des Werks. Der Effekt: „The Blair Witch Project" ist dort, wo der Film läuft, fast immer ausverkauft.

Erfolgsmessung

Die Erfolgsmessung der viralen Kampagne zum „Blair Witch Project" erfolgte auf unterschiedliche Art und Weise. Da die Website www.blairwitch.com im Zentrum der Kampagne stand, nutzte man hier natürlich die Möglichkeiten, Daten anhand von Server-Logfiles zu erheben. Hierzu zählten unter anderem die Seitenabrufe (Page Impressions) im Laufe der Kampagne.

Indirekt wurde der Erfolg der Kampagne auch über die Zahl der Berichterstattungen in den Medien (Artikel, Fernsehberichte etc.) gemessen sowie letztendlich natürlich über die Kinokassen.

Erfolgsauswertung

Die wichtigsten Erfolge der Blair-Witch-Kampagne lassen sich wie folgt zusammenfassen:

- **Seitenabrufe** – Bereits nach einer Woche erzielte die erste Website zum Dokumentarprojekt aus dem Jahr 1998 über 100 000 Zugriffe. Diese Zahl wuchs im Lauf der zweijährigen Kampagne kontinuierlich an, bis die Neugier kurz vor Kinostart bereits zu durchschnittlich zwei Millionen Seitenabrufen pro Tag führte. In den sieben Tagen nach Kinostart zählte der Server insgesamt 34 Millionen Page Impressions.
- **Medienecho** – Die Pseudo-Dokumentation bot den Medien eine willkommene Abwechslung zu ihren traditionellen Film-Berichterstattungen. Vier Monate vor Kinostart berichtete so gut wie jedes Printmedium sowie fast alle Fernsehsender über das „Blair Witch Project". Zu den wirkungsvollsten Berichterstattungen zählen ein mehrminütiger Hintergrundbericht auf MTV und eine einstündige Dokumentation auf dem „Sci-Fi Channel".
- **Einspielergebnis** – 160 Millionen Dollar spielte der Film allein in Nordamerika und Großbritannien ein. Dazu kommen noch die Einnahmen aus dem übrigen Europa, wo der Film über Wochen in den Top 5 der nationalen Kino-Charts war. Schließlich konnte Artisan erhebliche Umsätze über Video- und DVD-Verkäufe erzielen. Insgesamt schätzen Experten die Einnahmen des „Blair Witch Project" auf knapp 400 Millionen Dollar.

Lehren, vermeidbare Fehler und Probleme

Auch wenn das „Blair Witch Project" im Rückblick als geniale Idee zweier kreativer Filmemacher erscheint, war Myrick's und Sanchez' Plan dennoch ein Spiel mit dem Feuer. Die Gefahr war groß, dass die Fans dem Projekt den Rücken kehren könnten, als kurz vor Kinostart klar wurde, dass die gesamte Hintergrundgeschichte gefälscht war. Warum die Fans dennoch zum „Blair Witch Project" standen, ist bis heute nicht eindeutig geklärt. Eines steht jedoch fest: Den Erfolg seiner viralen Kampagne auf eine Lüge aufzubauen, birgt viele Risiken. Wer das Vertrauensverhältnis zur Zielgruppe aufs Spiel setzt, kann den Erfolg der Kampagne und aller nachfolgenden nachhaltig gefährden.

Weiterführende Literatur und Websites

- Website zum Film: http://www.blairwitch.com
- „No Budget – und trotzdem gleich Spitze: Der Horrorfilm ‚The Blair Witch Project' erschüttert Hollywood" von Jan Schulz-Ojala, Der Tagesspiegel (Berlin), 24.11.1999, S. 31
- „Bloß nicht nach Hollywood", Bernd Eichinger interviewt Daniel Myrick zum Blair Witch Project, Die Zeit (Hamburg), 25.11.1999, S. 6
- „Case Study – The Blair Witch Project" von Vera Krauße und Thomas Zorbach, vm-people.de, 2001, www.vm-people.de/de/vmknowledge/casestudies
- „The Blair Witch Project" von Michael McCarthy, Mediaweek (New York), 15.11.1999, S. 52-54
- „Did 'The Blair Witch Project' fake its online fan base?" von Patrizia DiLucchio, salon.com, 16.7.1999, archive.salon.com/tech/feature/1999/07/16/blair_marketing/
- Übersicht ausgewählter Blair-Witch-Fansites: www.comics-international.com/Networks/searchengine/blair_witch.html
- Blair Witch Project Fanatics' Guide: http://tbwp.freeservers.com
- Harry Knowles "Ain't it Cool News" Website: www.aint-it-cool-news.com

7.3 Fußball ist unser Leben – Wie das Deutsche Sportfernsehen (DSF) virale Clips zum Start der Bundesliga-Saison 2004 einsetzte

Kurzzusammenfassung

Um für seine Bundesliga-Shows und das zugehörige Online-Angebot zu werben, wählte der Sportkanal DSF zum Auftakt der Saison 2004/2005 bewusst die Mittel des Viral Marketing. In drei lustigen Fußballclips führte der Fernsehsender die exzessive Sportbegeisterung deutscher Fans zu neuen Höhepunkten und erreichte so innerhalb von nur drei Monaten über 1,6 Millionen Kontakte.

Hintergrundgeschichte

„Mittendrin statt nur dabei" – so lautet das Motto des „Deutschen Sportfernsehens" (kurz DSF), welches die Fernsehsendungen und das Online-Angebot des Fernsehkanals nachhaltig prägt. Natürlich spiegelt sich die Haltung auch in den Werbeaktivitäten des Sportsenders wider. So war es keine Überraschung, dass der DSF zum Start der Bundesliga-Saison 04/05 seine Marketing-Aktivitäten durch ein neues kundennahes Kommunikationsinstrument ergänzte. Parallel zu klassischen Werbemaßnahmen testete das DSF eine Online-Kampagne im Stil des Viral Marketing. Hierzu suchte der Sportsender im Vorfeld ein spezialisiertes Unternehmen. DSF fand es in der Hamburger Agentur „Dialog Solutions".

Herausforderung

Für Fußballfans hört die Begeisterung nach einem Bundesliga-Wochenende nicht plötzlich auf. Das runde Leder ist auch außerhalb des Stadions – wenn auch unterbewusst – ständig präsent. Diese Tatsache wollte sich DSF zu Nutze machen, um auf authentische und unterhaltsame Art und Weise die Bekanntheit (Brand Awareness) seiner Bundesliga-Berichterstattungen und des dazugehörigen Online-Angebots „www.dsf.de/bundesliga" zu steigern.

Gleichzeitig wollte das DSF herausfinden, ob es seine Zielgruppe über eine virale Kampagne im Internet erreicht. Und falls nicht, welches Zielpublikum stattdessen über das World Wide Web mit Hilfe des Viral Marketing angesprochen werden kann.

Zielgruppe

Zielgruppe:	junge Männer, im Beruf stehend
Alter:	25 bis 40 Jahre
Profil:	Internetaffinität, fußballinteressiert

Kampagnenüberblick

Kern der viralen Kampagne waren drei kurze Fußball-Spots, die streng nach der Devise „Fußball ist unser Leben" die Fußballbegeisterung deutscher Männer in Alltagssituationen auf parodistische Art und Weise darstellen.

Die Clips wurden nacheinander im Abstand von sechs bis sieben Wochen auf gutfrequentierten, zielgruppenaffinen Portalen als Download positioniert. Um die Verbreitung der Spots zu überwachen, wurden die Clips mit einem speziellen Online Video Tracking (OVT) System der Dialog Solutions GmbH versehen. Des Weiteren enthielten die Clips am Ende einen Link, der interessierte Viewer auf die Bundesliga-Homepage von DSF weiterleitete.

Kernelemente der Kampagne

Kern der Kampagne waren drei vom DSF selbst produzierte Spots, die alle auf einem Schema basieren: Eine Überwachungskamera filmt eine Alltagssituation, die plötzlich eine unerwartete Wendung nimmt – beispielsweise sieht man im Büro zwei Angestellte, die nebeneinander arbeiten. Einer der beiden sitzt auf einem Gesundheitsball und wippt gemächlich vor sich hin. Der andere sitzt am Schreibtisch und schaut immer mal kurz, fast zwanghaft auf den Sitzball seines Nachbarn. Dann wieder auf seinen Computer und wieder auf den Ball. Das geht ein ganze Weile so. Bis der Beobachtende es schlicht und einfach nicht mehr aushält, aufspringt und mit voller Wucht seinem Kollegen den Ball unterm Hintern wegtritt. Tosender Jubel ertönt. Und noch während der andere auf den Boden liegt, fällt der vermeintliche Torschütze auf die Knie und streckt seine Arme zur Siegerpose gen Himmel. „Ihr wollt es doch auch" lautet der Slogan, mit dem DSF den Bezug zur Bundesliga-Berichterstattung und der dazugehörigen Website herstellt.

Quelle: www.dsf.de

Abbildung 22: Mehr Bundesliga-Spaß gibt es mit den viralen Clips vom DSF

Alle von DSF produzierten Spots verwenden dieses Format: Eine Überwachungskamera dokumentiert quasi zufällig, wie der menschliche „Fußballwahn"
in einer ganz gewöhnlichen Situation plötzlich Überhand nimmt. Dabei ist das
Besondere an den Clips nicht, dass sie eine überraschend-komische Wendung
nehmen, sondern, dass sie geschickt mit den (teils sadistischen) Träumen und
Gedanken eines jeden Fußball-Interessierten spielen und diese in nachvollzieh-
bare, amüsante Szenen verpacken.

Weiterempfehlungsanreize und Rahmenbedingungen

Die virale Kampagne von DSF umfasste keine speziellen Weiterempfehlungsanreize. Der Sportkanal setzte voll und ganz auf den Humor der Fußball-Spots als
Hauptanreiz für Bundesliga-Interessierte, Mund-zu-Mund-Propaganda auszulösen.

Mit Dateigrößen zwischen 1,2 und 1,5 MB rangierten die DSF-Clips im mittleren Bereich der durchschnittlichen Download-Größen. Mit einer heutigen DSL-
Verbindung sind die Clips innerhalb weniger Sekunden heruntergeladen. Nutzer
mit sehr langsamen Internetverbindungen (etwa mit einem 56k-Modem oder

einem ISDN Anschluss) benötigen jedoch zum Download einer derartigen Datei immer noch mindestens vier bis fünf Minuten.

Beim Dateiformat orientierte man sich an Standards. So wurde das von den meisten PCs abspielbare Windows-Media-Format gewählt.

Kampagnenstart und -verlauf

Die DSF-Kampagne startete am letzten Septemberwochenende des Jahres 2004. Um die Aktion ins Rollen zu bringen, erfolgte ein Basis-Seeding. DSF beauftragte die Agentur „Dialog Solutions" damit, den ersten Clip auf zielgruppenrelevanten Portalen im deutschen Internet zu positionieren. Hierbei kam es dem Sportsender hauptsächlich darauf an, gelistet zu werden. Eine gut sichtbare und/oder kostenpflichtige Positionierung wurde nicht vorgenommen. Der Clip landete so in der Regel im Archiv des jeweiligen Portals und nicht auf der Startseite.

Am ersten Novemberwochenende erfolgte das Seeding des zweiten Clips, und eine knappe Woche später wurde der dritte Clip veröffentlicht.

Parallel zum Seeding konnten die einzelnen Spots nacheinander auch auf der Bundesliga-Seite der DSF-Website abgerufen werden.

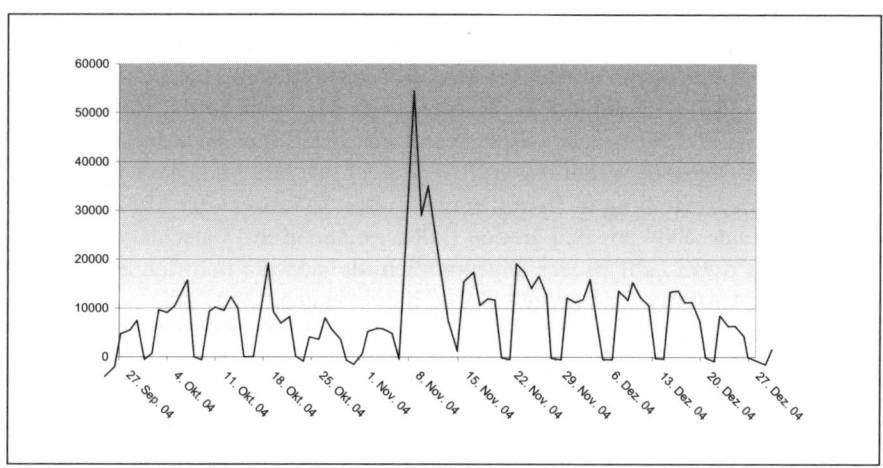

Quelle: www.dialog-solutions.de

Abbildung 23: Verbreitung des ersten DSF-Clips über einen Zeitraum von drei Monaten

Erfolgsmessung

Die Erfolgsmessung der Online-Kampagne erfolgte über das von „Dialog Solutions" entwickelte Online-Video-Tracking-System. Hierüber konnten folgende Informationen ausgewertet werden:

- **Views** – Wie häufig wurden die einzelnen Spots unabhängig von der Website des DSF angeschaut?
- **Dauer** – Wurde der jeweilige Clip bis zu Ende betrachtet?
- **Response** – Wie viele Nutzer klickten auf den Link zur DSF-Website am Ende der Spots?
- **Nutzerverteilung** – Woher stammten die einzelnen Nutzer (nationale/regionale Verteilung, Identifikation von Ballungsräumen)?
- **Quelle** – Welches Portal, welches Weblog oder welcher E-Mail-Verteiler stellte den Ursprung des jeweiligen Abrufs dar?

Erfolgsauswertung

Das Deutsche Sportfernsehen erreichte mit seiner viralen Kampagne folgende Ergebnisse:

- **Abrufe der Spots** – Die DSF-Videos erreichten im Zeitraum vom 27.09.2004 bis zum 27.12.2004 über 1,6 Millionen Kontakte. Die Hamburger Dialog Solutions GmbH zählte dabei teilweise bis zu 75 000 Abrufe pro Tag. Allein der erste Spot mit dem Sitzball wurde im betrachteten Messintervall über 1,1 Millionen Mal abgerufen. Und bis März 2005 wurden alle Spots zusammengenommen über zwei Millionen Mal gesehen.
- **Klicks** – Die durchschnittliche Responserate der Spots betrug fünf Prozent, sprich fast 80 000 Nutzer besuchten in den drei Monaten Kampagnenzeitraum das Online-Angebot des DSF über den Link zum Ende der Clips.
- **Regionale Verteilung in Deutschland** – circa 90 Prozent der Abrufe stammten bis Ende 2004 aus den großen Ballungsräumen in Deutschland. Im weiteren hat diese Zahl wieder abgenommen, da sich die multilingualen Clips bis nach Australien und in die USA verbreitet haben.
- **Nutzerverhalten und Zielgruppe** – Die Abrufe der DSF-Clips erfolgten vornehmlich unter der Woche. Tiefpunkte der Nutzung konnten jeweils immer zum Wochenende (Samstag/Sonntag) beobachtet werden. Dies legt die Vermutung Nahe, dass die meisten Nutzer vom Arbeitsplatz die Spots abgerufen haben. Diese Annahme wird auch dadurch unterstützt, dass wochentags jeweils zwischen 11.00 und 14.00 Uhr sowie zwischen 17.00 und 20.00 Uhr anteilsmäßig die meisten Zugriffe gemessen werden konnten. Das der DSF mit seiner Kampagne tatsächlich das angestrebte Zielpublikum erreicht

hat, scheint also sehr wahrscheinlich – auch wenn natürlich kein spezifisches Alter oder Geschlecht nachgewiesen werden konnte.

■ **Multiplikatoreffekte** – Das Seeding der weiteren Spots führte zu Abstrahlungseffekten auf die jeweils vorangegangen Clips. So schoss der erste Spot nach der Veröffentlichung des zweiten Videos von durchschnittlich 12 000 Abrufen auf circa 54 000 Views an einem einzigen Tag (siehe Abbildung 23).

Lehren, vermeidbare Fehler und Probleme

Das DSF verzichtete bei seiner Kampagne bewusst auf ein wesentliches Kontroll- und Erfolgselement, welches sich hinsichtlich der Planung und Durchführung weiterer viraler Aktionen als durchaus hilfreich erwiesen hätte: Die Speicherung einer E-Mail-Adresse.

So sah das „Deutsche Sportfernsehen" davon ab, den Erfolg seiner viralen Kampagne für weitere Aktionen nutzbar zu machen. Obwohl mehr als 80 000 Nutzer über den Link in den Spots zur DSF-Website gelangten, integrierte das Unternehmen keine Anmeldung zu einer Mailingliste oder einem Newsletter. Unterstellt man eine moderate Anmelderate von circa fünf Prozent, so hätten die Klicks aus den Spots zu einem Verteiler von mindestens 4 000 Bundesliga-Interes-sierten geführt. Diese Mailingliste hätte im Folgenden nicht nur dazu genutzt werden können, über neue Fernsehsendungen und Spots zu informieren, sie hätte ebenfalls als Ausgangsbasis für weitere virale Kampagnen dienen können.

Weiterführende Literatur und Websites:

■ Download der Spots auf der DSF-Website: www.dsf.de/bundesliga
■ Download der Spots bei „Dialog Solutions": www.dialog-solutions.de/viral-clips.php
■ Dialog Solutions GmbH – Viral Marketing Konzepte, Erfolgsmessung viraler Kampagnen (OVT) und Streaming Lösungen, www.dialog-solutions.de

7.4 Virale Shock-Clips fürs Fernsehen und das Netz – Wie K-fee mit einer viralen Kampagne Millionen von zusätzlichen Kontakten erreichte

Kurzzusammenfassung

Im wahrsten Sinne schockierend sind die kurzen Video-Clips des Berliner Unternehmens K-fee. Als Fernsehkampagne geplant, wurden die von Jung von Matt entwickelten Spots auch schnell ein Renner im Internet. Innerhalb kurzer Zeit erreichte K-fee dadurch ein zusätzliches Millionen-Publikum. Doch anders als im Fernsehen war im Internet der Einsatz von intelligenten Tracking-Tools möglich. Die detaillierte Auswertung von Online-Reichweite und Responsequote zeigte, wie effektiv die Verknüpfung von Fernsehwerbung und viraler Internet-Kampagne sein kann.

Hintergrundgeschichte

Das auf koffeinhaltige Kaltgetränke spezialisierte Unternehmen K-fee setzt seit seiner Gründung auf polarisierende Werbemaßnahmen. Anlässlich der Einführung des K-fee-Getränks in den Einzelhandel im Jahr 2003 wählte das Berliner Unternehmen beispielsweise die ehemalige Pornodarstellerin Michaela Schaffrath (alias Gina Wild) als Werbefigur. Oben ohne, herausfordernd blickend und mit einer Dose K-fee zwischen den nackten Brüsten gepresst, warb die damals 33-Jährige auf über 1 400 Berliner Großflächenplakaten, Megalights und Videoboards für den Wachmacher – die größte jemals in der Hauptstadt geschaltete Outdoorkampagne. Die provokante Aktion löste – wie erwartet – eine heftige Kontroverse aus. Die Plakate wurden schnell zum begehrten Sammlerobjekt und überall in der Stadt gestohlen.

Im Jahr 2004 ging das Berliner Unternehmen einen Schritt weiter. Um ein Massenpublikum zu erreichen, entschloss man sich dazu, provokative Fernseh-Spots zu schalten, welche gleichzeitig auch über das Internet abrufbar sein sollten.

Herausforderung

Ziel der K-fee-Kampagne war es, mit Hilfe von Fernseh- und Internet-Spots das Kaffeegetränk einer breiten Masse vorzustellen und damit gleichzeitig die Brand Awareness (dt. = Markenbekanntheitsgrad) zu steigern.

Um dies zu erreichen, stand K-fee vor einem grundsätzlichen Problem: Wie sollte das Unternehmen die Wachmacherfähigkeiten seines Produkts glaubhaft kommunizieren? Der Berliner Getränkehersteller suchte und fand in Jung von Matt eine Agentur, die eine clevere Lösung hierfür entwickelte. Shock-Spot heißt die Idee: Allein das Schauen der Clips macht hellwach.

Kampagnenüberblick

Im Mittelpunkt der Kampagne von K-fee standen sechs Spots, die parallel zum Fernsehen nach und nach auch auf einer dazugehörigen Microsite des Unternehmens heruntergeladen werden konnten. Anders als die TV-Versionen wurden die Internet-Fassungen jedoch mit einem speziellen Online Video Tracking (OVT) System der auf virale Kampagnen spezialisierten Hamburger Dialog Solutions GmbH versehen. Des weiteren enthielten die Clips am Ende einen Link, der interessierte Viewer auf die K-fee-Homepage weiterleitete.

Kernelemente der Kampagne

Insgesamt neun Spots erdachte die Hamburger Werbeagentur Jung von Matt. Alle auf dem gleichen Schema basierend: Zunächst ist alles harmonisch, entspannt, ruhig. Ein Auto fährt beispielsweise die Serpentinen eines begrünten Hügels hinauf. Kurzzeitig verschwindet es hinter einem Heckenstück. Eigentlich ein stereotyper Autospot, wäre da nicht die Tatsache, dass das Auto nicht wieder auftaucht. Wahrscheinlich kommt gleich ein witziger Slogan, denkt man sich ... doch weit gefehlt. Was kommt, ist der blanke Horror. Urplötzlich springt ein Zombie schreiend in die Szenerie, schwarzes Bild, pochender Herzschlag. „So wach warst Du noch nie", lautet der Slogan, mit dem K-fee im Abspann den Bezug zum eigenen Kaffeegetränk herstellt.

Quelle: www.k-fee.com

Abbildung 24: Verlauf eines typischen K-fee Schocker-Spots

Alle K-fee-Spots basieren auf diesem Format: Eine Art Zombie platzt immer dann in die Szene, wenn sich der Zuschauer gerade von einer romantischen Idylle hat einlullen lassen. Dabei ist das wirklich außergewöhnliche an den Clips nicht, dass sie einem ungeheure Angst einjagen, sondern dass sie immer wieder funktionieren. Selbst wenn man die Videos schon mehrfach gesehen hat, also genau weiß, was passiert, erschrickt man trotzdem jedes Mal zu Tode.

Weiterempfehlungsanreize und Rahmenbedingungen

Die virale Kampagne von K-fee umfasste keine speziellen Weiterempfehlungsanreize. Das Berliner Unternehmen verließ sich auf den polarisierenden Schock-Effekt und die Qualität der kreativen Arbeit von Jung von Matt als Hauptanreize für Mund-zu-Mund-Propaganda.

Um möglichst keine Nutzer mit langsameren Internetverbindungen auszuschließen und eine effektivere Verbreitung per E-Mail-Anhang zu ermöglichen, blieb man bei der Größe der Spots unter 0,6 MByte. Als Format wurde das von den meisten Video-Playern unterstützte MPEG Format gewählt.

Kampagnenstart und -verlauf

Fast zeitgleich zum Start der Fernsehkampagne auf den Fernsehsendern ProSieben, Sat1 und Kabel 1, stellte K-fee Anfang Mai den ersten fürs Internet modifizierten Spot auf ihrer Website zum Download bereit. Danach folgte im gleichmäßigen Abstand ein zweiter, ein dritter usw. Mittlerweile hält K-fee sechs unterschiedliche Spots auf seinen Seiten für die Nutzer bereit.

Ein Seeding erfolgte nicht: K-fee beauftragte weder ein Agentur für die gezielte Verbreitung (Streuung) der Spots im Netz, noch nutzte das Berliner Unternehmen eine eigene Mailingliste, um die Kampagne ins Rollen zu bringen. Eine geplante und koordinierte Kontaktaufnahme zu Portalen, die sich auf die Listung, Bewertung und Verbreitung von viralen Clips spezialisiert haben, erfolgte nicht.

Dem Unternehmen kam jedoch die lebhafte Diskussion über die Zulässigkeit der Spots zu Gute. Kurz nach dem Start der Kampagne stapelten sich bei der Berliner K-fee AG die Protestschreiben. Mütter berichteten über die psychischen Folgen für ihre Kinder, Rentner beklagten ihre aussetzenden Herzschrittmacher. Und der Deutsche Werberat, zuständig für „brave" Werbung, wollte vom K-fee-Vorstand Herbert Sprungala wissen, was er sich bitteschön bei dieser Werbung gedacht habe. Der Ärger über die Spots spiegelte sich schließlich in einem breiten Medienecho wider.

Erfolgsmessung

Die Erfolgsmessung der Online-Kampagne erfolgte auf Basis der Messung von Besucherzahlen und Downloads auf der K-fee-Website. Den größten Teil der Daten erhob der Getränkehersteller jedoch über das von „Dialog Solutions" bereitgestellte Online Video Tracking System. Hierüber konnten folgende Informationen ausgewertet werden:

- **Views** – Wie häufig wurden die einzelnen Spots unabhängig von der K-fee-Website angeschaut?
- **Dauer** – Wie lange betrachteten die Nutzer den jeweiligen Clip?
- **Response** – Wie viele Nutzer klickten auf den Link zur K-fee-Website am Ende der Spots?
- **Nutzerverteilung** – Woher stammten die einzelnen Nutzer (internationale/regionale Verteilung, Identifikation von Ballungsräumen)?
- **Quelle** – Welches Portal, welches Weblog oder welcher E-Mail-Verteiler stellte den Ursprung des jeweiligen Abrufs dar?

Erfolgsauswertung

Bereits zum Ende der dritten Woche erreichte der Verbreitungsgrad des ersten veröffentlichten Online-Spots eine kritische Masse. Die Online-Kampagne nahm ab diesem Zeitpunkt einen epidemischen Verlauf an.

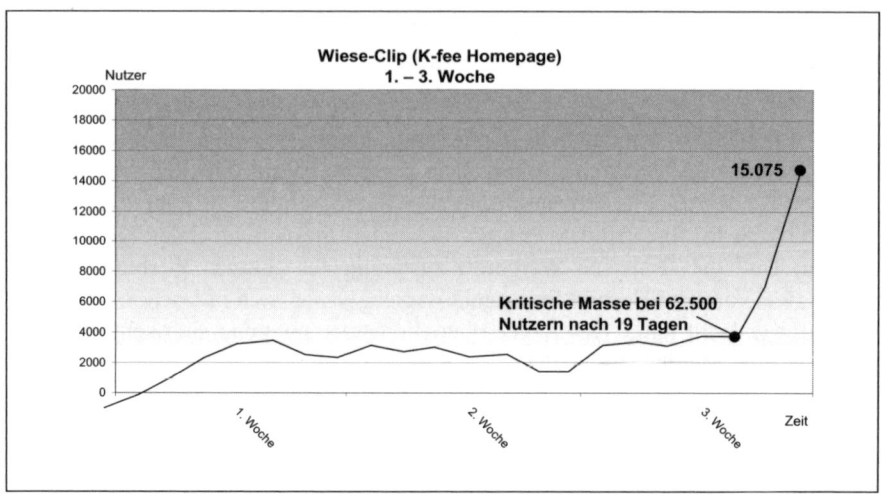

Quelle: www.dialog-solutions.de

Abbildung 25: Die kritische Masse des ersten K-Fee-Spots war nach 19 Tagen
erreicht

Insgesamt erzielte K-fee mit seiner Mischung aus Online- und Offline-
Kampagne folgende Ergebnisse:

- **Abrufe der Spots** – Alle online zur Verfügung gestellten Spots generierten
  im Zeitraum von Mai bis Dezember 2004 über sieben Millionen Kontakte.
  Obwohl das Format (Idylle + Zombie) immer bekannter wurde, erreichte
  selbst der fünfte online veröffentlichte Clip immer noch über 700 000 Nutzer.
- **Klicks** – Fast zehn Prozent der Nutzer – also mehr als 700 000 Konsumenten – klickten auf den Link zum Ende der Spots, um sich auf der K-fee-Seite
  weitergehend über das Produkt zu informieren. Dies ist besonders herausra-
  gend, da das Ziel der Kampagne nur die Steigerung der Markenbekanntheit
  war.
- **Nutzerverhalten** – Nur etwa zehn Prozent der erreichten Internetnutzer
  griffen zum Abruf der Videos auf die Heimatadresse www.k-fee.de zurück.
  Die anderen 90 Prozent der Views erfolgten über den Download von anderen
  Websites oder die Weitergabe des Spots per E-Mail.
- **Regionale Verteilung in Deutschland** – Die meisten Viewer rekrutierten
  sich aus den Ballungsräumen Deutschlands, wie beispielsweise Hamburg,
  Köln, Berlin und München.

■ **Multiplikatoreffekte** – Durch den Schockeffekt der Werbung erhielt die K-fee-Kampagne eine ungeheure mediale Aufmerksamkeit. In einer Vielzahl von auflagenstarken Magazinen und Zeitungen, darunter die TAZ, TV Spielfilm, Handelsblatt oder der Bild, wurde die Kampagne besprochen und kritisiert.

Lehren, vermeidbare Fehler und Probleme

K-fee verzichtete bei seiner Kampagne bewusst auf zwei Elemente, die den Erfolg zwar nicht minderten, die sich hinsichtlich der Planung und Durchführung weiterer viraler Aktionen aber als durchaus hilfreich erwiesen hätten:

■ **Keine Speicherung von Nutzerdaten** – Die K-fee AG verzichtete darauf, den Erfolg ihrer viralen Kampagne für weitere Aktionen nutzbar zu machen. Obwohl mehr als 700 000 Nutzer allein über den Link in den Spots zur K-fee-Website gelangten, integrierte das Unternehmen keine Anmeldung zu einer Mailingliste oder einem Newsletter. Würde man eine moderate Anmelderate von circa fünf Prozent unterstellen, so hätten allein die Klicks aus den Spots zu einem Verteiler von mindestens 35 000 Produktinteressierten geführt. Diese Mailingliste hätte im Folgenden nicht nur dazu genutzt werden können, über neue Produkte und Spots zu informieren, sie hätte ebenfalls als Ausgangsbasis für weitere virale Kampagnen dienen können.

■ **Kein aktives Seeding** – K-fee kam die rege Diskussion um die Angemessenheit ihrer Werbe-Clips sehr zu Gute. So berichteten neben klassischen Zeitungen auch eine Menge Online-Magazine und Blogs über die Kampagne und verlinkten zur K-fee-Website. Die Entscheidung, die Verbreitung der Spots im Netz nicht aktiv zu forcieren, hat dem Unternehmen – im Nachhinein betrachtet – also nicht geschadet. Ob die Kampagne im Netz jedoch ohne die über das Massenmedium Fernsehen teuer erkaufte Diskussion den gleichen Erfolg gehabt hätte, ist fraglich.

Weiterführende Literatur und Websites

■ Download der Spots auf der K-Fee Website: www.k-fee.com
■ Download der Spots bei Dialog Solutions: www.dialog-solutions.de/viral-clips.php
■ „Alles kalter Kaffee" von Detlef Kuhlbrodt, TAZ, 4.2.2003, S. 15
■ „Profil: Frech, blauäugig und erfolgreich", Handelsblatt, 12.11.2003, S. 22
■ „Shock im Werbeblock", TV Spielfilm, 12.06.2004

- „Kein kalter Kaffee – die K-fee Kampagne von Jung von Matt", New Business Online, 5.5.2004, www.new-business.de
- „Vorsicht! WERBUNG // Wach oder tot?", Der Tagesspiegel, 17.05.2004, S. 27
- „Erfolg haben Kampagnen die Spaß machen" von Tamara Jarchow, absatzwirtschaft.de, 2005
- Dialog Solutions GmbH – Viral Marketing Konzepte, Erfolgsmessung viraler Kampagnen (OVT) und Streaming Lösungen, www.dialog-solutions.de

7.5 Rummikub – Wie man einen Spieleklassiker zum Stadtgespräch macht

Kurzzusammenfassung

Es ist das drittpopulärste Spiel der Welt: Rummikub. In Deutschland erfreut sich der Klassiker, der bereits vor 25 Jahren zum „Spiel des Jahres" gekürt wurde, gerade bei der älteren Generation großer Beliebtheit. Viele jüngere Menschen hingegen sind eher auf andere Spielegenres fixiert – das gilt besonders für das Publikum einer Spielwarenmesse. Um die überwiegend jugendlichen Messebesucher der „Spiel 04" in Essen wieder für Rummikub zu begeistern, verband der Spieleverlag Jumbo Spiele seinen Messeauftritt mit einem gewagten Weltrekordversuch. Und das mit Erfolg: In nur fünf Tagen erreichte das Unternehmen mit seiner Messe-Aktion elf Millionen Menschen und gewann viele junge Rummikub-Fans.

Hintergrundgeschichte

Die Herscheider JUMBO Spiele GmbH ist eine selbstständige Vertriebstochter des 1853 gegründeten niederländischen Spieleherstellers Hausemann & Hötte (Jumbo International). Das Sortiment des Traditionsunternehmens umfasst neben Gesellschaftsspielen, Puzzles unterschiedlicher Schwierigkeitsgrade auch Holzspielwaren und Konstruktionsspielzeug.

Eines der bekanntesten von Jumbo vertriebenen Gesellschaftsspiele ist Rummikub. Der Brettspielklassiker belegt hinter Monopoly und Scrabble den dritten Platz auf der Liste der meistverkauften Spiele der Welt. Ende der 70er Jahre kam das Spiel auf den deutschen Markt. Und bereits ein Jahr später, 1980, wurde es mit dem Gütesiegel „Spiel des Jahres" ausgezeichnet. Noch im gleichen Jahr übernahm Jumbo die Betreuung des Spiels in Lizenz und leitete damit eine Erfolgsgeschichte mit mehreren Millionen verkaufter Exemplare in Deutschland ein.

Quelle: www.jumbo-spiele.de

Abbildung 26: Der Spiele-Klassiker Rummikub

Anlässlich des bevorstehenden 25-jährigen Jubiläums zur Auszeichnung zum „Spiel des Jahres" suchte Jumbo 2004 nach Möglichkeiten, das Spiel sprichwörtlich wieder ins Gespräch zu bringen. Beim Agentur-Screening fiel die Wahl auf vm-people, eine Spezialagentur für Viral Marketing.

Herausforderung

Von seinem Charakter her ist Rummikub ein Ablegespiel und ähnelt in den Regeln dem Kartenspiel „Rommé". Obwohl es auf der ganzen Welt einen Namen hat, ist das Spiel jedoch vielen jungen Menschen in Deutschland heute kein Begriff mehr. In über 25 Jahren Rummikub-Historie hat das Spiel vor allem bei Senioren viele Fans gewonnen. Für die besondere Vorliebe gibt es eine einfache Erklärung: Die Zahlen auf den Rummikub-Steinen sind größer dargestellt und damit besser lesbar als auf Spielkarten. Jugendliche sind dagegen eher anderen Spielegenres zugeneigt und dadurch schwerer für Rummikub zu begeistern. Hoch im Kurs stehen bei dieser Zielgruppe beispielsweise Strategie- oder Rollenspiele.

Das kompetitive Umfeld einer Messe, in dem Rummikub in direkter Konkurrenz zu einer Vielzahl attraktiver Neuerscheinungen aus den verschiedensten Bereichen steht, ist in diesem Zusammenhang besonders problematisch. Die Aufgabe von vm-people war es, ein neues Erfolgskapitel des Klassikers aufzuschlagen: Die Agentur sollte ein Konzept entwickeln, das auf das eher jugendliche Publikum der Messe zugeschnitten war. Ziel war es, die Bekanntheit und Attraktivität des Spiels auf möglichst authentische Art und Weise zu erhöhen.

Zielgruppe

Zielgruppe: junge Messebesucherinnen und -besucher

Alter: 8 bis 29 Jahre

Profil: Interesse an Brettspielen

Kampagnenüberblick

vm-people entwickelte seine virale Kampagne unter der Prämisse, vorwiegend jungen Messebesuchern interessanten Gesprächsstoff zu liefern. Sinn und Zweck der Aktion war es, Rummikub wieder relevant zu machen und gleichzeitig eine junge Klientel an den Messestand von Jumbo zu locken.

Um die Aufmerksamkeit der Zielgruppe zu wecken, entwarf vm-people für Jumbo ein spezielles Event, das speziell auf die Bedürfnisse von jungen Spiele-Fans zugeschnitten war: den Rummikub-Marathon – ein 48-stündiger Weltrekordversuch im Dauerspielen für das Guinness Buch der Rekorde.

Für die Dauer der Messe sollten die Besucher des Jumbo-Messestands mit den Extremspielern miteifern können und dadurch Spaß am Rummikub-Spielen entwickeln.

Kernelemente der Kampagne

Kern der viralen Kampagne war ein Weltrekordversuch für das legendäre Guinness Buch der Rekorde. Der Rummikub-Marathon, auf 48 Stunden angesetzt, war das längste Brettspiel in der Geschichte. Während der Gesamtspieldauer von zwei Tagen durften die vier auserwählten Extremspieler weder schlafen noch längere Pausen machen.

Quelle: www.vm-people.de

Abbildung 27: Fernsteuern eines Weltrekordlers – das geht nur am Messestand von Jumbo

Zu den grundlegenden Überlegungen im Vorfeld gehörte es, den Rekordversuch aus dem kompetitiven Umfeld der Messe herauszulösen. Deswegen fand der Marathon nicht auf der „Spiel 2004" statt, sondern in einem Starbucks Coffee

House in der Essener Innenstadt. Um die Besucher der Messe dennoch am Spielgeschehen teilhaben zu lassen, ließen sich die Initiatoren etwas Besonderes einfallen. Mittels Video-Konferenz konnten die Standbesucher zum einen per Großbildfernseher den Rekordversuch insgesamt sowie zum anderen die einzelnen Spieler und ihre Taktiken über eine „Schulterkamera" live beobachten. Wer tiefer ins Spielgeschehen abtauchen wollte, hatte zudem die Möglichkeit, selbst am jeweiligen Match teilzunehmen und einen Spieler fernzusteuern.

Weiterempfehlungsanreize und Rahmenbedingungen

Messen sind schon seit jeher Orte, an denen Mund-zu-Mund-Propaganda einem Unternehmen kurzfristig viel Publicity bescheren kann. Welcher Stand einen Besuch wert ist und welcher nicht, spricht sich vor allem bei kleineren Industrieschauen schnell herum. Die „Spiel 2004" war deshalb ein hervorragender Rahmen für die virale Aktion von Jumbo.

Dennoch stellen Messen auch einen Risikofaktor dar. Hunderte von aktuellen Spielen konkurrieren auf engstem Raum um die Gunst des Kunden. Deswegen überzeugte vm-people seinen Kunden Jumbo davon, den Rekordversuch nicht direkt auf der Messe auszutragen. Diese Strategie erwies sich als doppelt clever. Denn durch die Auslagerung entging Rummikub nicht nur dem direkten Wettbewerb, sondern erhöhte die Relevanz der Botschaft. Zwei Ereignisse – der Weltrekordversuch und die interaktive Video-Konferenz – waren nun Gesprächsthema der Messe.

Kampagnenstart und -verlauf

Die Kampagne startete bereits vier Wochen vor der Messe – im September 2004. Zu diesem Zeitpunkt sprach vm-people gezielt Mitglieder von Spieleklubs an, die den Rekordversuch bei ihren Klubmitgliedern bekannt machen sollten. Die Botschaft: „Teilnehmer am Rekordversuch gesucht!" Wie sich zeigte, ging von der „Einladung" eine ansteckende Wirkung aus, denn auch unter klassischen Spiele-Fans existiert ein regelrechter Rekord- und Highscore-Fetisch. Das längste Brettspiel in der Geschichte war etwas, das der Zielgruppe „der Rede wert" schien. Schnell waren so auch vier Freiwillige für den Weltrekordversuch gefunden.

Der Marathon startete am Freitag, den 22. Oktober um Punkt 15.00 Uhr. Eingeleitet wurde der Rekordversuch durch Micha Hertzano – dem Sohn des Rummikub-Erfinders. Dieser war extra aus Israel angereist, um die vier Spieler seelisch und moralisch zu unterstützen. Für die nötige Verpflegung sorgte das Starbucks

Coffee House am Essener Theaterplatz, in dem der Rekord erspielt wurde. Nach 48 spannenden Stunden mit vielen Höhen und Tiefen, an denen die Essener Bevölkerung intensiv Anteil nahm, unter anderem durch Live-Übertragungen im Radio, hatten die vier Weltrekordler ihr Ziel erreicht. Und Jumbo auch. Rummikub war im Gespräch.

Der Rummikub-Marathon war der Auftakt zu weiteren viralen Aktionen. Als zentrale Maßnahme erfolgte die Gründung eines Vereins („Klub Rummikub") mit eigener Website sowie eine Dampfertour auf Deutschlands Binnengewässern. Dabei wurden auf der „MS Rummikub" jeweils vor Ort die Rummikub- Stadtmeisterschaften ausgetragen.

Erfolgsauswertung

Die Ergebnisse der Rummikub-Kampagne lassen sich wie folgt zusammenfassen:

- **Medienberichterstattungen** – Viele Radiosender (u.a. Radio Essen und Deutschland Radio Berlin) berichteten über den Weltrekordversuch live vom Messegelände oder aus dem Starbucks Coffee House. Des weiteren zog die virale Aktion eine Reihe von Artikeln in auflagenstarken Tageszeitungen nach sich (u.a. in der Westdeutschen Allgemeinen Zeitung).
- **Besucher** – Schnell war der Weltrekordversuch Messe- bzw. Stadtgespräch, was sich in einer hohen Besucherfrequenz am Jumbo-Messestand und im Starbucks Café niederschlug. Über hundert Spieler nahmen effektiv am Weltrekordversuch durch persönliches Eingreifen mittels Videokonferenz teil. Die Website zur Aktion – www.klub-rummikub.de –, über die der Rekordversuch auch als Live-Stream am heimischen PC verfolgt werden konnte, verzeichnete einen Besucherrekord.
- **Umsatz** – Die Abverkäufe von Rummikub stiegen im Jahr 2004 um 13 Prozent, obwohl natürlich kein direkter Bezug dieses Werts zu der Viral-Marketing-Kampagne besteht.

7.6   Hitman 2 – Virale Killerspots fürs Netz

Kurzzusammenfassung

Zur Produkteinführung des zweiten Teils des Spiels Hitman (Hitman 2) stand das Entwicklungsstudio Eidos Interactive vor einem Problem: Man musste ein relativ spezielles Produkt an eine generell stark umworbene Zielgruppe vermarkten. Zwar steht Spieleherstellern mit on- und offline Spielezeitschriften klassisch ein sehr guter Zugang zu potenziellen Käufern zur Verfügung, doch leider lesen nicht einmal ein Drittel aller Konsolen- und PC-Spieler regelmäßig solche Magazine. Wie also die restlichen zwei Drittel möglichst effizient erreichen? Zusammen mit dem auf Viral Marketing spezialisierten Unternehmen DMC und der Agentur Maverick Media entwickelte Eidos ein virales Kampagnenkonzept. Im Mittelpunkt standen zwei „anstößige" Videospots, die durch ihren makabren Humor die Online-Community zu Mund-zu-Mund-Propaganda anregen sollten.

Quelle: www.eidos.de

Abbildung 28: Auftragskiller Hitman (2)

Hintergrundgeschichte

Der erste Teil der Hitman-Reihe war etwas ganz Besonderes auf dem Spiele-Markt. Nicht nur die Idee, einen Auftragskiller spielen zu können, war neu, sondern vor allem das Konzept: Zum ersten Mal ging es in einem Shooter nicht mehr darum, blind durch eine virtuelle Welt zu laufen und alles abzuknallen, was sich bewegt. Nur wer sich vorsichtig und bedächtig durch die einzelnen Levels bewegte, hatte eine Chance, am Leben zu bleiben. Dabei fehlte es dem Spiel nicht an Brutalität. Das Spielprinzip wurde nur einfach realistischer. Wer auffiel und die Aufmerksamkeit der Wachen auf sich lenkte, hatte einfach keine Chance, gegen die Übermacht an Gegnern zu überleben. Wer sich jedoch verkleidete und seine Aufträge mit wenig Aufsehen erledigte, wurde nicht nur vor ausweglosen Situationen bewahrt, er bekam mit Hitman einen spannenden Thriller geliefert, den man in vergleichbarer Story-Qualität bis dato nur im Kino sehen konnte.

Herausforderung

Das Hauptziel der Hitman 2 Kampagne war es, die Bekanntheit des Spiels und der Marke „Hitman" zu erhöhen (brand awareness). Der Erfolg des ersten Teils war zwar unerwartet hoch gewesen, ein Massenpublikum hatte man jedoch noch nicht erreicht. Dies sollte mit Teil 2 anders werden.

Kampagnenüberblick

Kern der achtwöchigen viralen Kampagne waren zwei Spots, die von der Agentur Maverick Media entworfen und umgesetzt wurden. Zur Erfolgskontrolle der Clips wurde der Dienstleister DMC hinzugezogen, der mit seinem Online-Video-Tracking-System (OVT) nicht nur die Häufigkeit der Abrufe der Videos, sondern ebenfalls durch in die Spots integrierte Interaktivitätselemente (z.B. Links) die Responserate der Nutzer messen konnte. Durch einen Link zum Ende des Spots war es interessierten Nutzer so direkt möglich, die Hitman 2 Website anzusurfen, um sich Informationen zum Spiel und dessen Erscheinungstermin zu besorgen.

Zielgruppe

Zielgruppe:	junge Männer (aus Großbritannien)
Alter:	18 bis 34
Profil:	Besitzer eines PCs oder einer Spielekonsole, Interneterfahrung

Kernelemente der Kampagne

Die 25-sekündigen Spots wurden so entworfen, dass sie dem entsprachen, was die Zielgruppe bereits gerne weiterleitet. Beide Clips basierten auf realen Situationen (wie etwa einer Warteschlange und einer Gegenüberstellung bei der Polizei), die mit einer schockierend-lustigen Wendung am Ende überraschten. Einmal wurde ein Verdächtiger nach geglückter Identifizierung standrechtlich erschossen. Im zweiten Spot drängelte sich eine Kundin in einer langen Schlange einfach vor, was einen anderen Wartenden dazu bewog zum Revolver zu greifen, um das Problem umgehend zu lösen. Als Titel für die Clip-Reihe wurde „f**ktalking" gewählt – eine parodistische Anspielung auf den Hauptcharakter des Spiels, der lieber erst schießt und dann Fragen stellt.

Quelle: www.maverickmedia.co.uk

Abbildung 29: Viral Spot – Gegenüberstellung bei der Polizei

Die Entscheidung, Video-Spots als virales Instrument zu verwenden, basierte auf zwei Aspekten:

- **Akzeptiertes Medium** – Videos sind von der Online-Community akzeptiert und werden gern weitergereicht (eng. = pass-on) bzw. empfohlen.
- **Wettbewerbsvorteile** – Videos sind aufwändiger zu produzieren als beispielsweise eine PowerPoint-Präsentation, ein Adgame oder eine Grafik.

Dadurch stellen professionell erstellte Clips immer noch eine gewisse Eintrittsbarriere dar, die größeren Unternehmen einen Wettbewerbsvorteil im Kampf um die Aufmerksamkeit des Nutzers bieten.

Virale Videos sind jedoch nicht per se erfolgreich. Bei der Planung und Erstellung der Spots haben Eidos, Maverick Media und DMC deshalb auf die folgenden Aspekte besonderen großen Wert gelegt:

- **Kreative und gestalterische Qualität** – Der Schlüssel für Weiterempfehlungen bzw. Weiterreichungen von Video-Clips ist deren Qualität. Nur ein Clip, der bei der Zielgruppe richtig gut ankommt, ist es auch wert, erwähnt zu werden. Die Qualität des Spots beeinflusst nicht zuletzt auch die Listung von Download-Links auf relevanten Portalen (themenspezifische Websites, auf virale Inhalte spezialisierte Internetangebote, etc.). Da einige dieser Portale monatlich Millionen Abrufe verzeichnen, werden diese Websites mit viralem Material natürlich überhäuft. Über eine gut sichtbare Positionierung auf diesen Portalen entscheidet heute deshalb vornehmlich die kreative und gestalterische Qualität des Spots.

- **Kontakt zu Szene-Insidern** – Was gerade in ist und welche Art Spot schon zuhauf durchgenudelt wurde, wissen häufig nur Betreiber einschlägiger Portale. Eidos und seine Partner informierten sich daher vorab intensiv darüber, welche Inhalte derzeit als frisch und überraschend von der Zielgruppe wahrgenommen würden.

- **Keine Fernsehspots** – Wichtig war den Machern, dass die Clips nicht mit Fernsehspots verwechselt werden konnten. Die Erfahrung von DMC zeigte, dass gerade Filme, die sich sehr wenig an die ästhetischen Richtlinien des Fernsehens hielten, besonders erfolgreich waren. Verständlich: Niemand lässt sich gern bewusst vor den Karren einer offensichtlichen Werbekampagne spannen.

- **Verständnis für kulturelle Unterschiede** – In Abhängigkeit zur Zielgruppe, die angesprochen werden soll (regional, national oder international), sind individuelle Anpassungen eines Spots notwendig. Der Inhalt der Clips wurde so zielgruppenspezifisch auf den englischen Geschmack abgestimmt und enthielt natürlich eine große Prise schwarzen Humors.

Weiterempfehlungsanreize und Rahmenbedingungen

Die Größe der Clips wurde auf ein bis zwei MB festgelegt, sodass selbst Nutzer eines 56k-Modems mit einer maximalen Downloadzeit von unter vier Minuten rechnen konnten.

Damit möglichst viele potenzielle Kunden in den Genuss kamen, die Videos zu betrachten, wählten die Agenturen die zwei damals am weitesten verbreiteten Videoformate Quicktime und Windows Media.

Als Weiterempfehlungsanreiz dienten natürlich die „Gewalt verherrlichenden" Wendungen der Spots. Einige auf die Clips verweisende Sites führten zudem den Teaser „dürfen im Fernsehen nicht mehr ausgestrahlt werden", was den Anreiz des Anschauens und Weiterempfehlens abermals erhöhte. Auch wenn die Clips natürlich nie als Fernsehspots konzipiert worden waren.

Kampagnenstart und -verlauf

DMC organisierte die Verbreitung der Videos, indem es eine überschaubare Anzahl von zumeist unkommerziellen Websites und Communities ansprach (erweitertes Seeding). Dabei standen natürlich Seiten im Vordergrund, die sich ohnehin mit der Verbreitung von lustigen und anrüchigen Videos, Präsentationen, Grafiken etc. beschäftigten. Ziel war es, die Verbreitung nicht von den dahinter stehenden Unternehmen bzw. der offiziellen Hitman 2 Website zu organisieren, sondern die Zielgruppe des Spiels von Beginn an einzubinden. Dies unterstrich auch den Markengedanken von Hitman, anders, provokativ und „underground" (dt. ungefähr = für die Masse unbekannt) zu sein.

Zunächst mussten also relevante Internetangebote zur Verbreitung identifiziert und kontaktiert werden. Interessante Websites wurden in vier Klassen unterteilt:

Gruppe 1: **große auf virale Inhalte spezialisierte Portale** wie beispielsweise iFilm.com

Gruppe 2: **große kommerzielle Portale** wie beispielsweise die internationalen oder nationalen „Viral Charts" von Lycos

Gruppe 3: **semi-professionelle Sites**, die signifikant hohen Traffic erzeugen wie beispielsweise „Viralmeister.com"

Gruppe 4: **kleine Sites**, die zumeist als Hobby ohne finanzielle Absichten betrieben werden

Die Verbreitung der Spots bzw. Download-Links erfolgte dann auf persönlichem Wege: DMC schrieb alle Sites aus des Gruppen 1 und 2 per E-Mail an und stellte das Projekt vor. Zwar kannte DMC viele Betreiber durch die vorherigen Projekte persönlich, dennoch half dies der Agentur nur insoweit, als dass die Videos auf jeden Fall bewertet wurden. Eine Listung basierte und basiert auch heute nur auf der Qualität der Spots.

Der erste Clip „Police Line-up" (dt. Gegenüberstellung in einer Polizeiwache) wurde am 20. September 2002 veröffentlicht. Spot Nr. 2 „Queue" (dt. Warteschlange) erschien eine Woche versetzt.

Erfolgsmessung

Die Erfolgsmessung erfolgte anhand von verschiedenen Tracking-Mechanismen. Zur Kontrolle der Anzahl der Abspielungen des Videos sowie zur Überprüfung des Grads der Weiterempfehlungen wurden folgende Daten erhoben:

- ◼ **IP-Adressen der downloadenden Rechner** – Die meisten Sites verlinkten direkt zu den Servern von DMC für den Download, so dass hier einfach die Aufzeichnungen des Servers (Logfiles) zur IP-Adresse des abrufenden PCs ausgewertet werden konnten.
- ◼ **IP-Adressen über http-Requests** – Die Video-Clips wurden zudem mit einer Programmroutine versehen, welche beim Öffnen des Files einen http-Request an den Server von DMC stellte, in der die IP-Adresse des öffnenden PCs an DMC mitgeteilt wurde.

Über die Anzahl unterschiedlicher IP-Adressen konnte DMC zunächst die ungefähre Menge an Abspielungen der Videos festhalten. Beim Vergleich der IP-Adressen von 1. und 2. konnte zudem relativ einfach der Weiterempfehlungsgrad ermittelt werden.

Die Integration eines spezifischen Links zur Hitman 2 Website in das Video erlaubte des Weiteren, die durch das Video induzierten Abrufe der Website zu messen.

Als drittes untersuchte DMC die Anzahl und Positionierung von Links bzw. Erwähnungen der Hitman-Spots auf anderen Websites. Dabei wurde die Dauer des Verweises und die Seitenabrufe der spezifischen Sites in dem betrachteten Zeitraum kumuliert.

Erfolgsauswertung

Die Ergebnisse der Hitman 2 Kampagne lassen sich wie folgt zusammenfassen:

- ◼ **Abrufe der Videos** – Innerhalb der achtwöchigen Kampagne wurde das Video 404 448-mal angeschaut. Die Kosten pro „View" (inkl. Kreativplanung, Produktion, Verbreitung und Tracking) betrugen circa zehn Cent.

- **Sichtkontakte** – Download-Links zu den beiden Videos wurden von schätzungsweise 9,15 Millionen Nutzern gesehen (kumuliert anhand der Seitenabrufe und Verweildauer der Nennung der Spots auf externen Websites).
- **Klicks** – Ungefähr 3 000 Nutzer klickten am Ende des Videos auf den Link zur Hitman 2 Website. (Da das Hauptziel der Kampagne jedoch eine Bekanntheitssteigerung der Marke Hitman war, wurden die Klicks nur als Bonus angesehen.)
- **Buzz-Index** – Die Suchphrase „Hitman 2" schaffte es mit einem kumulierten Wachstum von unglaublichen 117 701 Prozent im Jahr 2002 auf Platz 6 des Yahoo Buzz Index. Und das, obwohl die Kampagne erst Ende 2002 gestartet wurde. (Der Buzz Index basiert auf der täglich kumulierten Steigerung eines Suchbegriffs der Yahoo Suchmaschine in Prozent.)
- **Weiterempfehlungsrate** – Die „pass-along"-Rate wurde von Eidos und DMC leider nicht veröffentlicht. Beide Parteien bezeichnen die Ergebnisse im Vergleich zu anderen Kampagnen aber als „sehr zufriedenstellend".

Das Spiel „Hitman 1" verkaufte sich bisher circa 600 000-mal – „Hitman 2" wurde insgesamt über drei Millionen Mal verkauft. Ob und in welchem Ausmaß die virale Kampagne die Verkäufe beeinflusst hat, ist natürlich reine Spekulation.

Lehren, vermeidbare Fehler und Probleme

Die virale Kampagne zu Hitman 2 wurde von erfahrenen Agenturen geplant, durchgeführt und kontrolliert, so dass allgemein wenige Aspekte einer Verbesserung oder Überarbeitung bedurften. Dennoch können auch aus dieser Kampagne einige Lehren gezogen werden – und ein paar Probleme gab es auch:

- **Tracking-Schwierigkeiten** – Trotz aufwändiger Kontroll- und Messmechanismen zeigt die Auswertung der Abrufe der Clips nicht den gesamten Erfolg der Kampagne. So ist ein Tracking nicht bei allen Videoformaten möglich und auch nur bei bestehender Internetverbindung. Zudem wurden die Clips auch abgewandelt und in Formaten und Dateien weitergeleitet, die kein Tracking unterstützten. Die gemessenen Abrufzahlen des Videos bzw. die daraus berechnete „pass-along"-Rate sind so also nur „Mindestwerte".
- **Internationalität** – Der Humor der Spots hätte ein wenig mehr internationaler sein können. Der typische schwarze Humor der Briten kam nicht unbedingt in der ganzen Welt an. Da die Kampagne jedoch nur für den britischen Markt konzipiert wurde, ist dies nicht wirklich negativ.
- **Erfolgsmessung** – Neben der quantitativen Erfolgsmessung ist es sinnvoll, ebenfalls eine qualitative Kontrolle der Ergebnisse durchzuführen: Wo wer-

den die Spots gelistet? Wie lautet der Empfehlungstext dazu? Wer äußert sich negativ zum Spot? Warum? etc.

Weiterführende Literatur und Websites

- Download der Spots auf:
  www.maverickmedia.co.uk oder unter www.viralchart.com
- Hitman 2 – offizielle Website: www.hitman2.com
- „The Nine Rules of Viral Marketing – Hitman 2 Videogame Promoters Reveal Their Tactics", DMC, 19.12.2003,
  www.dmc.co.uk/pdf/MarketingSherpaCaseStudy.pdf
- „The Nine Rules of Viral Marketing – Hitman 2 Videogame Promoters Reveal Their Tactics", MarketingSherpa, 19.12.2003,
  library.marketingsherpa.com
- „Hitman 2 Viral Case Study" von Sara Davies, New Media Age Magazine, 2003, www.dmc.co.uk/index.php?bz0zNw==
- „DMC promoted Hitman 2 named top mover on Yahoo! Buzz Index", DMC, 2003, www.dmc.co.uk/index.php?bz0zNg==
- Eidos Interactive: www.eidosinteractive.com
- Maverick Media: www.maverickmedia.co.uk
- DMC – Digital Media Communication: www.dmc.co.uk

7.7 Der Snowglobe – eine (nicht) erfolgreiche Kampagne

Kurzzusammenfassung

Die auf Viral Marketing spezialisierte Agentur ‚e-tractions' staunte im Dezember 2001 nicht schlecht. Gerade die hauseigene virale Weihnachtsaktion erwies sich als totaler Fehlschlag. Dabei war alles professionell geplant und vorbereitet. Worin der mangelnde Erfolg begründet war, ist der Agentur bis heute nicht eindeutig ersichtlich. So war es umso überraschender, dass sich ihre eCard „Snowglobe" – eine Mischung aus interaktiver Weihnachtskarte und provokanter Spielerei – nach zwei Jahren plötzlich einer ungeheuren Beliebtheit erfreute. Dabei hatte niemand von e-tractions in irgendeiner Weise darauf hingewirkt. Der Virus hatte sich ganz plötzlich von allein entwickelt.

Quelle: www.e-tractions.com

Abbildung 30: Lustig und makaber zugleich – der kleine Snowglobe

Hintergrundgeschichte

Zu Weihnachten stößt jedes Unternehmen immer wieder auf das gleiche Problem: Weihnachtskarten müssen gestaltet werden. Und zwar so, dass sie vom Kunden gelesen werden und gleichzeitig auf intelligente Art und Weise an die Geschäftsbeziehung erinnern. Eigentlich eine Herausforderung, die wie geschaffen ist für eine auf ausgefallene Online-Kampagnen spezialisierte Agentur. Dessen war sich auch e-tractions bewusst. Um das Online-Know-how für eigene Zwecke nutzen zu können, entschied sich der Spezialist für Viral Marketing dazu, den Versand von gedruckten Weihnachtskarten einzustellen und auf eCards überzugehen.

Herausforderung

Durch die Umstellung von normalen Weihnachtskarten auf eCards entstand ein kreativer Druck. Die Agentur war natürlich nicht das einzige Unternehmen, das im Jahr 2000 an den modischen eCards Gefallen gefunden hatte. Fast alle großen Internetunternehmen sprangen auf den Zug auf.

Um aus der Masse an elektronischen Weihnachtskarten herauszuscheinen, mussten die Kreativen bei e-tractions also etwas Außergewöhnliches entwickeln. Ziel war es, die eigenen Kunden zu beeindrucken und dadurch die eine oder andere Weiterempfehlung zur Presse oder potenziellen Kunden zu erhalten.

Kampagnenüberblick

Kern der sechswöchigen Kampagne war eine Mischung aus eCard und Flash-Spiel mit dem Titel „Snowglobe" (dt. Schneekugel), die an bestehende Kunden und angehende Geschäftspartner versandt wurde. Die interaktive Grußkarte wurde dabei jedoch nicht selbst per E-Mail versendet, sondern nur der Link dazu. Wer das weihnachtliche Spiel erleben wollte, musste also den Link klicken, um auf eine speziell von e-tractions eingerichtet Website zu gelangen.

Zielgruppe

Zielgruppe:	Bestandskunden, potenzielle Kunden, Journalisten
Alter:	nicht spezifiziert
Profil:	Internetzugang, Flash Player installiert
	Budget von mindestens 40 000 bis 75 000 Dollar für eine einzige virale Aktion (nur potenzielle Kunden)

Kernelemente der Kampagne

Das Geschehen von „Snowglobe" spielte sich – wie der Name schon sagt – in einer animierten Schneekugel ab: Zu klassisch kitschiger Weihnachtsmusik spielte eine Schar von Kindern vor einem Haus im Schnee, lief Schlittschuh oder fuhr Snowboard von einem kleinen Hügel.

Jeder Zuschauer konnte nun dieses Geschehen einfach genießen oder mit der Maus die Schneekugel in die Hand nehmen und kräftig schütteln. Dies hatte zur Folge, dass die Kinder schreiend hin- und hergeschleudert und unter dumpfen Aufprallgeräuschen gegen die Glaswände geworfen wurden.

Als zusätzlicher Gag fraß ein Schneemann vorbeigehende Kinder, um dann kurz darauf zu explodieren.

Die Verantwortlichen waren sich durchaus im Klaren darüber, dass der Inhalt ihres „Weihnachtsgrußes" grenzwertig war. Doch die Entscheider waren zuversichtlich, dass die Karte ankommen würde. Die Erfahrung aus über 60 viralen Auftragsarbeiten lehrte die Kreativen, dass sich gerade die Ecken und Kanten des guten Geschmacks besonders gut für virale Aktionen eigneten.

Weiterempfehlungsanreize und Rahmenbedingungen

Außer der sehr lustigen Handlung des Spiels bot „Snowglobe" keine weiteren Weiterempfehlungsanreize.

Die Größe der Flash-Datei betrug knapp ein MB, so dass auch Besitzer eines Modems die interaktive eCard in annehmbarer Zeit betrachten konnten. Wer den „Snowglobe" an einen oder mehrere Freunde weiterleiten wollte, konnte dies bequem mit einem auf der Site integrierten Empfehlungsskript tun.

Kampagnenstart und -verlauf

Wie bei normalen Weihnachtskarten wurden natürlich auch bei der „Snowglobe" eCard, die klassischen Kontakte angeschrieben:

- Bestandskunden,
- potenzielle Kunden, zu denen bereits Kontakt aufgenommen war,
- Freunde und Bekannte des Unternehmens.

Insgesamt versendete e-tractions einige Hundert E-Mails mit Weihnachtsgrüßen und dem Link zum „Snowglobe".

Erfolgsmessung

Die Erfolgsmessung erfolgte auf Basis von Server Logfiles. Anhand dieser konnten Abrufe des Flash-Games und die Anzahl der Weiterempfehlungen (über ein Weiterempfehlungsskript) gemessen werden.

Erfolgsauswertung

Die Ergebnisse der Kampagne waren bescheiden: Kaum jemand leitete die eCard weiter. Insgesamt erreichte die virtuelle Weihnachtskarte rund doppelt so viele Kontakte wie anfänglich angeschrieben. Danach war jedoch Schluss. Die

Kampagne verlief nach kurzer Zeit im Sand, ohne viel Aufmerksamkeit erregt zu haben.

Lehren, vermeidbare Fehler und Probleme

Worin der Misserfolg des „Snowglobe" begründet lag, darüber sind sich die Kreativen von e-tractions nicht wirklich einig. In Frage kommen vor allem die folgenden Aspekte:

- **Zielgruppenfremder Humor** – Obwohl die Idee hinter „Snowglobe" durchaus lustig war, mag der Humor bei der Zielgruppe nicht angekommen sein. Dadurch entstand dann einfach kein Bedürfnis, die Weihnachtskarte weiterzuleiten.
- **Kritische Masse nicht erreicht** – Auch wenn e-tractions einige Hundert Kontakte angemailt hatte, fehlte es womöglich an einer hinreichenden Zahl an kontaktfreudigen Menschen, die den Virus ins Rollen hätten bringen können.
- **ECards zu unpersönlich** – Das Medium E-Mail ist ein kurzlebiges. Viel schneller als eine klassische Weihnachtskarte landen überflüssige Mails im digitalen Papierkorb. Der mangelnde Erfolg von „Snowglobe" mag somit ebenfalls in mangelnder Aufmerksamkeit der Zielgruppe durch Informationsüberlastung begründet sein.
- **Keine Kontakt generierende Handlungsaufforderung** – Außer der Aufforderung, die Schneekugel doch an ein paar Freunde und Bekannte weiterzuleiten, beinhaltete die eCard keine geschäftsfördernde Handlungsaufforderung (eng. = call to action). Niemand konnte also erkennen, dass e-tractions ein Spezialist für virale Aktionen war, und aufgrund dieser Tatsache Kontakt aufnehmen.
- **Kein aktives Seeding** – außer eine E-Mail an ihre Kontakte zu versenden, tat die Agentur nichts, um das Spiel bekannter zu machen. Kontakt zu einschlägigen Portalen etc. wurde nicht aktiv aufgenommen.
- **Fehlende Tests** – Die Entscheider bei e-tractions waren von der Qualität ihrer Arbeit überzeugt und verzichteten daher auf einen Pre-Test des Humors und der Akzeptanz des Mediums eCard bei ihrer Zielgruppe. Hindernisse oder Probleme konnten so von der Agentur nicht antizipiert werden.

Die Überraschung – der verspätete Erfolg der „sadistischen" Schneekugel

Einmal erstellt, fand die „Snowglobe"-Kampagne ihren Weg in die Archive der e-tractions Website. Und genau hier muss jemand die eCard ein Jahr später Anfang Dezember 2002 gefunden haben. Dieser Jemand (es war weder jemand von e-tractions noch irgendein Kunde, der sich an die Kampagne erinnerte) versendete den Link zum „Snowglobe" an ein paar Freunde, Kollegen oder Bekannte. Und diesmal passte anscheinend alles. Der Humor kam an, und die angeschriebenen Nutzer leiteten die Mail umgehend an ihr Netzwerk weiter.

Innerhalb von sechs Wochen wurde die elektronische Weihnachtskarte an über 200 000 Nutzer in drei Kontinenten weitergereicht. Und das war umso beeindruckender, als e-tractions nach ein paar Wochen feststellen musste, dass das eingebundene Weiterleitungsskript durch eine Software-Umstellung schon länger nicht mehr funktionierte. Die Nutzer mussten also den Link immer manuell weitergeleitet haben.

Die Kehrseite des unkontrollierten Erfolgs war natürlich, dass nicht automatisch die vormals angestrebte Zielgruppe erreicht wurde. Nur eine Handvoll der teilnehmenden Nutzer nahm überhaupt Kontakt zu e-tractions auf. Ein konkreter Auftrag ergab sich nicht.

Der Snowglobe – eine verspätete Erfolgsgeschichte

Das Interesse am „Snowglobe" riss auch im nächsten Jahr nicht ab. Im Winter 2003 keimte der Virus erneut auf. Doch diesmal behielt e-tractions schon frühzeitig ein Auge auf den Abrufen.

Fast das gesamte Jahr über pendelten die Nutzerzahlen zwischen 500 und 750 Visits pro Monat. Erst im Oktober waren erste Ausreißer zu erkennen. Die Zahl der monatlichen Nutzer stieg auf 1 544. Von da an wuchsen die Abrufe kontinuierlich, bis sich Anfang November bereits mehrere Tausend Nutzer pro Tag am „Snowglobe" erfreuten.

Als sich der Traffic schließlich innerhalb von zwei Tagen mehr als vervierfachte (8 622 Nutzer am 23. November; 39 152 Visits am 24. November), waren sich die Macher von e-tractions einig: Sie waren abermals Zeuge einer viralen Explosion. Doch diesmal – das war den Beteiligten klar – musste der Erfolg des „Snowglobe" auch in ein paar Aufträgen resultieren.

Umgehend setzten sich die Verantwortlichen bei e-tractions zusammen und berieten darüber, wie sie die stetig steigenden Abrufzahlen in Erfolg versprechende Kontakte wandeln könnten.

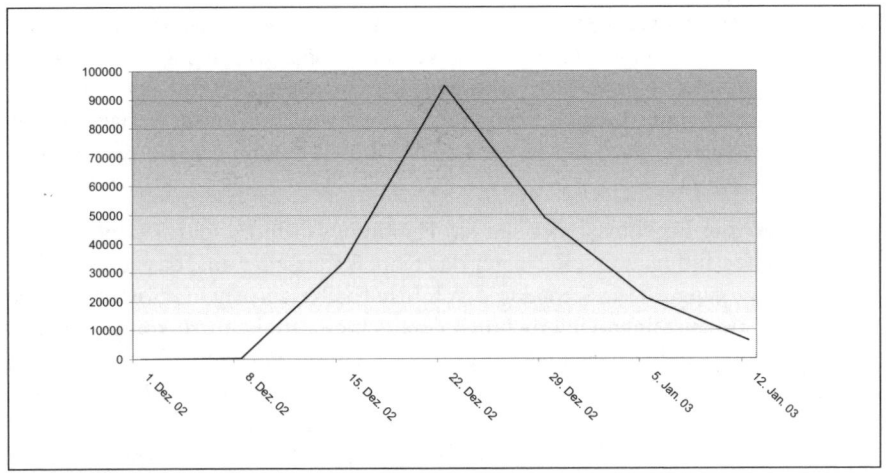

Quelle: www.e-tractions.com, www.marketingsherpa.com

Abbildung 31: Auswertung „Snowglobe"-Kampagne 2002

Ergänzende Kernelemente der „Snowglobe"-Kampagne Nr. 2

Da in der ursprünglichen „Snowglobe"-Kampagne keine Kontakt generierende Handlungsaufforderung integriert war, war klar, dass e-tractions vor allem diese Option ergänzen musste.

Zur Aufforderung „Leite diese eCard doch an einen Freund ... weiter" wurde nun ein zweiter Call-to-Action ergänzt. Dabei konnten sich die Verantwortlichen in der Agentur jedoch nicht auf eine spezifische Formulierung einigen. So testeten sie zwei unterschiedliche Varianten:

■ **schwache Handlungsaufforderung** – Unter dem „Snowglobe" wurde ein Link ergänzt mit dem Verweis „Klicken Sie hier für mehr lustige eCards". Alle Nutzer, die den Link verfolgten, landeten bei e-tractions.com auf einer speziell vorbereiteten Seite mit ausgewählten viralen Elementen anderer Kampagnen. Wer mit der Agentur Kontakt aufnehmen wollte, konnte dies über die normalen Kontaktfunktionen der e-tractions Website tun.

■ **starke Handlungsaufforderung** – Hierbei verwendete e-tractions eine sehr Kontakt orientierte Vorgehensweise. Der Link lautete „Wollen Sie Ihr Marketing verbessern? Klicken Sie hier für ein kostenloses Brainstorming." Die Landeseite (eng. = landing page) zu dieser Handlungsaufforderung erläuterte die Dienstleistungen von e-tractions, offerierte ein paar Links zu viralen Case Studies und bot ein Kontaktformular.

Schon nach ein paar Tagen zeigte sich, welche Handlungsaufforderung besser geeignet war: Die schwache Handlungsaufforderung wurde zwar von vielen Surfern angeklickt, interessierte Kontakte kamen jedoch so gut wie gar nicht zustande. Außer einem ausgelasteten Server ergab sich aus dieser Variante kaum etwas Verwertbares. Nach kurzer Zeit wurde diese Handlungsaufforderung deshalb auch gestoppt.

Ganz anders die Ergebnisse der starken Handlungsaufforderung: Bereits in den ersten Wochen füllten so viele Nutzer das Kontaktformular aus, dass eine manuelle Nachbereitung dieser Kontakte durch Mitarbeiter der Agentur zu aufwändig wurde. Um die einzelnen Unternehmen dennoch qualifizieren zu können, installierte e-tractions einen E-Mail-Autoresponder. Dieser verschickte an jeden, der das Kontaktformular ausfüllte, automatisch eine personalisierte E-Mail mit den Kontaktdaten des Geschäftsführers und einem Link. Dazu fand sich der ergänzende Text: „Wenn Sie dringend nach neuen Ideen für Ihr Internet-Marketing suchen, dann klicken Sie hier, rufen Sie mich an oder schreiben Sie mir eine E-Mail."

Wer auf den Link klickte, wurde zu einer Seite mit dem Text „Vielen Dank für Ihr Interesse. Ein Mitglied unseres Teams wird sich in Kürze bei melden" weitergeleitet. Durch die enge Verknüpfung von Kontaktdaten und Autoresponder war es möglich, umgehend zu identifizieren, wer den Link geklickt hatte. Ein Angestellter wusste somit immer, bei welchen Interessenten ein persönlicher Kontakt sinnvoll und dringend war.

Erfolgsauswertung „Snowglobe"-Kampagne Nr. 2

Die zweite Kampagne war schließlich ein voller Erfolg. Dies zeigte sich wie folgt:

- **Abrufe** – insgesamt 15 Millionen Nutzer erfreuten sich am „Snowglobe" einen Monat vor und nach den Feiertagen im Jahr 2003. Dabei waren die Tage mit dem höchsten Traffic Dienstag, Mittwoch und Donnerstag. Als attraktivste Uhrzeit erwies sich der späte Nachmittag. Hier fanden sich im Verhältnis die meisten Nutzer auf der Website zum „Snowglobe" ein.
- **Kontakte** – fast 3 000 interessierte Unternehmen hinterließen ihre Kontaktdaten – 9,4 Prozent der Firmen qualifizierten sich zudem selbst über Klick des Autoresponder-Links. Unter diesen Kontakten waren natürlich immer noch uninteressante Leads wie beispielsweise kleinere Unternehmen, die sich die Dienstleistungen von e-tractions gar nicht leisten können. Als wirklich aussichtsreich erwiesen sich schließlich 30 Kontakte.

■ **Aufträge** – Nach eigenen Angaben hat e-tractions durch die Kampagne ungefähr neue Aufträge in Höhe von zwei Millionen Dollar erzielen können.

Auch im Winter 2004 setzte sich die Erfolgsgeschichte des „Snowglobe" erneut fort. e-tractions verwendete die lustige Schneekugel im Rahmen einer Weihnachtsaktion für das Internetangebot getsomesleep.com – eine Website, die sich mit Schlaflosigkeit und deren Bekämpfung beschäftigt.

Die Idee des „Snowglobes" musste dafür natürlich ein wenig abgeändert werden. So weckt nun heftiges Schütteln einen schlafenden Alten auf, der sich lauthals über die Störung beschwert.

Um einen besonderen Weiterempfehlungsreiz zu bieten, holte sich e-tractions den Online-Musikanbieter eMusic.com mit an Bord. Letzter bot als Belohnung für die Empfehlung der Schneekugel an Freunde oder Bekannte einen aus elf bekannten Weihnachtssongs als kostenlosen Download an.

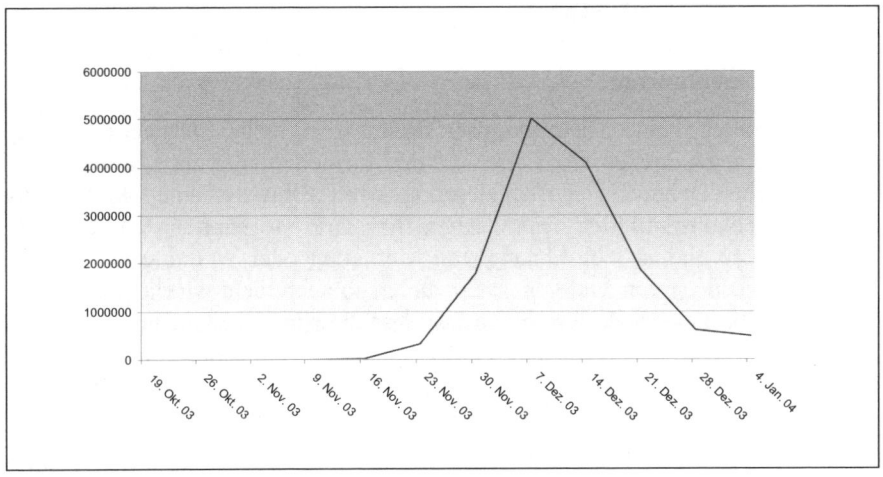

Quelle: www.e-tractions.com, www.marketingsherpa.com

Abbildung 32: Auswertung Snowglobe Kampagne 2003

Weiterführende Literatur und Websites

■ Snowglobe 2004: www.e-tractions.com/snowglobe
■ „Incredibly Unpredictable B2B Viral Campaign Results: The little Snowglobe That Surprised Everyone", e-tractions, 21.1.2003, www.e-tractions.com/web_dev/content/downloads/sherpa_sno.pdf

- „How to Turn a Popular Viral Campaign into a Sales Lead Generation Machine", MarketingSherpa, 13.1.2004, library.marketingsherpa.com
- „Snowglobe in Discussion on ClubTread.com", ClubTread.com, 17.12.2003, www.clubtread.com/sforum/topic.asp?TOPIC_ID=3909
- „Viral Holiday Greeting", Adventures in Marketing, 4.3.2005, kimshah.typepad.com/adventures_in_marketing
- „Fun @work: Viral Marketing for the Office" von Heidi Anderson, clickz.com, 27.5.2004, www.clickz.com/experts/em_mkt/case_studies/article.php/3359071
- „Snowglobe Case Study", e-tractions Archiv, www.e-tractions.com/web_dev/content/glimpse/index.htm

7.8   Beer Buzz Blowfly – die Faszination des „eigenen" Biers

Kurzzusammenfassung

Keine Brauerei, keine Distributionserfahrung und keine Netzwerkkontakte. Außer ihrer abgefahrenen Idee hatten die drei Firmengründer um Liam Mulham fast gar nichts. Dennoch schafften sie es, sich mit „Blowfly" eine lukrative Nische im hochkonzentrierten australischen Biermarkt zu schaffen. Und das, obwohl sie nicht einmal viel Ahnung von Marketing oder Werbung hatten. Die Vermarktungsideen von Mulham & Co zählen so auch nicht wirklich zum klassischen Werbe 1x1, sondern basieren fast ausnahmslos auf Elementen des Viral Marketing. Mit ihrer Hilfe gelang es den Australiern im Jahre 2002, nicht nur ein neues Bier auf den Markt zu bringen, sondern sich ebenfalls gegen das Budget von Konzernen durchzusetzen, die Millionen nur zum Test einer einzigen geschmacklichen Variante zur Verfügung haben.

Hintergrundgeschichte

In Europa sind sie eine Selbstverständlichkeit: Mittlere und kleine Brauereien, die kaum mehr als für den heimischen Markt oder die umliegende Region produzieren. In Australien sieht das anders aus. Zwar ist der australische Biermarkt groß, doch er wird dominiert von zwei großen Brauereien: der Foster's Group und Lion Nathan. Beide zusammen haben einen Marktanteil von 97 Prozent. Keine guten Aussichten also für den Markteintritt einer neuen Biermarke. Dennoch versuchten die Unternehmer um Liam Mulham, sich mit einer guten Idee und einem ausgefeilten Vermarktungsplan gegen die Großen durchzusetzen. Aber nicht etwa im direkten Wettbewerb: Das Ziel von Mulham war es, eine neue Produkt-Kategorie zu schaffen: das „Public-Beer" (dt. ungefähr = Volksbier).

Herausforderung

Das Konzept zu „Blowfly" basiert auf der cleveren Idee einer finnischen Fußballmannschaft. Als diese nach einer miesen Saison abstieg, kaufte ein lokaler Unternehmer das Team und traf eine weit reichende Entscheidung. Nachdem der Trainer offensichtlich nichts am schwindenden Erfolg der Mannschaft ändern konnte, beschloss der neue Besitzer, den Zuschauern das Ruder zu übergeben. Über wichtige Entscheidungen (Aufstellung, Auswechslungen etc.) sollte ab der nächsten Saison nicht mehr nur der Trainer befinden können, sondern auch die Fans per SMS.

Zu Beginn zählte die Liste der eingetragenen „Wähler" gerade einmal 300 Mitglieder. Doch der Einfall, selbst das Geschehen auf dem Platz mitbestimmen zu können, faszinierte die Fan-Gemeinde so sehr, dass die Zahl der abstimmenden Fußballfreunde innerhalb kurzer Zeit auf mehrere Tausend Teilnehmer stieg. Und das Konzept ging auf: Die Mannschaft gewann ein Spiel nach dem anderen und beendete die Saison schließlich als erste in ihrer Liga.

Liam Mulham war von dieser Idee fasziniert: Blowfly sollte ein Bier werden, dessen Entwicklung alle interessierten Biertrinkerinnen und -trinker mitbestimmen würden: Angefangen bei der Form der Bierflasche, über die Gestaltung des Logos bis hin zum Geschmack. Alle Entscheidungen sollten mit den Kunden geteilt werden. Jeder sollte hinterher das Gefühl haben, er trinke sein eigenes Bier.

Blowfly wählte deshalb auch nicht den klassischen Vertriebsweg. Anders als die großen Bierhersteller, die neue Marken regelrecht in den Handel drücken, vermarktete Mulham sein Bier genau anders herum. Zunächst schafften sie sich eine Fan-Gemeinde, die ihr Bier notfalls auch per Online-Shop ordert. Darauf aufbauend wurden Pubs und Clubs angesprochen. Erst ganz zum Schluss stand als hehres Ziel der Massenmarkt.

Zielgruppe

Zielgruppe: junge Frauen und Männer

Alter: 18 bis 28

Profil: Biertrinkerinnen und -trinker

                 Interneterfahrung insbesondere mit dem Online-Shopping

Kampagnenüberblick

Blowfly verknüpfte eine ganze Reihe von viralen Elementen zu einer zweiteiligen Kampagne:

Teil 1:   Pre-Launch Kampagne – Einführung der Produktidee und 13-
          wöchiger gemeinschaftlicher Entwicklungsprozess

Teil 2:   Post-Launch Kampagne – Verkaufs- und Bekanntheitssteigerung

Kernelemente der Kampagne Teil 1 (Pre-Launch): Vorstellung der Produktidee und 13wöchiger gemeinschaftlicher Entwicklungsprozess

Die Hauptkampagne umfasste eine 13-wöchige Ankündigungs- und Vorstellungsphase des Produktes. Ziel war es, innerhalb von drei Monaten 5 000 aktive Mitglieder (registrierte Nutzer/Newsletter-Abonnenten) für die Blowfly Community zu gewinnen.

Da die potenziellen Kunden von Anfang an am Entwicklungsprozess beteiligt werden sollten, stellte die Internetseite www.blowfly.com.au den Kern der ersten Kampagnephase dar. Hier wurde das Konzept von Blowfly vorgestellt, die zentralen Elemente des Biers, der Verpackung und der Distribution vorgestellt und regelmäßig zur Abstimmung gebracht.

Als Intervall für die Zeit zwischen zwei Abstimmungen wählten die Gründer jeweils eine Woche. So hatten die Teilnehmer immer genug Zeit, sich mit der jeweiligen Entscheidung auseinander zu setzen, die Website zu besuchen und ihre Stimme abzugeben. Gleichzeitig war der Zeitraum auch nicht zu lang, als dass jemand nur durch lange Wartezeiten das Interesse verlieren könnte.

Um die Community längerfristig bei der Stange zu halten, ließ Mulham seine potenziellen Kunden zu Beginn nicht gleich über die wichtigsten Elemente von Blowfly abstimmen. Die Bedeutung der Themen steigerte sich erst langsam von Woche zu Woche. Damit schlugen die Unternehmer zwei Fliegen mit einer

Klappe: Zum einen wurden die bisherigen Teilnehmer dazu motiviert, längerfristig mitzustimmen, zum anderen hatten neue Mitglieder der Community nicht den Nachteil, dass wichtige Bestandteile von Blowfly, wie etwa das Logo, bereits ohne sie festgelegt wurden.

Zu den einzelnen Abstimmungsinhalten zählten unter anderem:

- das Logo
- die Gestaltung des Labels
- die Form der Flasche
- die Art der Verpackung
- die Gestaltung der Versandkiste
- der Veranstaltungsort der Launch-Party
- u.v.m.

Damit jede Abstimmung tatsächlich zu einer Mehrheitsentscheidung führte, ließ Mulham immer nur über zwei Alternativen abstimmen.

Die Kampagnenlänge von 13 Wochen bis zum offiziellen Verkaufsstart von Blowfly hatte keine tiefere Bedeutung. Drei Monate erschienen den Gründern einfach notwendig, um durch Weiterempfehlungen genügend Konsumenten aus der anvisierten Zielgruppe erreichen zu können.

Weiterempfehlungsanreize und Rahmenbedingungen

Um die Teilnehmer für jede Abstimmung erneut zu mobilisieren, nutzte Blowfly eine Mailingliste. Interessierte Nutzer konnten sich auf der Blowfly Website registrieren lassen, um an den Abstimmungen teilnehmen zu können und jede Woche per Newsletter über Neuigkeiten zu Blowfly, Ergebnisse der letzten Abstimmungen sowie die nächsten Wahloptionen informiert zu werden.

Als Anreiz zur Weiterempfehlung des Projekts bot Mulham jedem neuen Abonnenten die Möglichkeit kostenlos auf der Launch-Party Bier zu trinken, wenn er es schaffte, dass sich ebenfalls mindestens vier seiner Freunde und/oder Bekannten in die Mailingliste eintrugen. Um dieses automatisiert publik zu machen, verwendete Blowfly Autoresponder, die nach erfolgreicher Anmeldung zum Newsletter dem neuen Teilnehmer über ein „P.S." mitteilten, was ihm als Belohnung für seine Weiterempfehlungen winkte.

Wer eine Kiste des Biers vorbestellte, erhielt zudem einen Anteilsschein (ähnlich einer Aktie) am Unternehmen. Dieser war zum Zeitpunkt der Ausgabe natürlich noch nichts wert. Vielmehr verfolgte Blowfly hier konsequent das Konzept des „eigenen" Biers, das den Kunden selbst gehört, weiter.

Kampagnenstart und -verlauf

Da Mulham und seine Partner kaum finanzielle Mittel für Werbung zur Verfügung hatten, entschlossen sie sich, ihre Mailingliste mit einer handverlesenen Auswahl von Freunden und Kollegen zu starten.

Zu Beginn der Einführungskampagne im August 2002 zählte die Mailingliste knapp 50 Mitglieder. Nach einer Woche waren es bereits 140. Nach zwei Wochen 1 000. Und nach der 13. Woche zählte die Datenbank von Blowfly bereits über 10 000 registrierte Nutzer.

Um persönlich in Kontakt mit den Mitgliedern zu kommen, veranstalteten Mulham und seine Partner in der fünften Woche eine Pre-Launch Party, auf der zwei unterschiedliche Geschmacksrichtungen des Biers „live" getestet und bewertet werden konnten. Die geschmacklichen Varianten hatten die Firmengründer mit Hilfe des Braumeisters, der St. Arnou Brewery und Brauerei-Studenten der Edith Cowen Universitiy in Perth entwickelt.

Erfolgsmessung

Die Kontrolle des Erfolgs des ersten Kampagnenteils erfolgte hauptsächlich auf Basis von Server Logfiles. Anhand dieser konnten u.a. folgende Daten ausgewertet werden:

- Seitenabrufe (von registrierten und nicht-registrierten Nutzern),
- Abstimmungsergebnisse,
- Newsletter-Anmeldungen.

Erfolgsauswertung Kampagne Teil 1 (Pre-Launch)

Zusammenfassend hier die Ergebnisse der ersten Kampagne:

- **Newsletter** – Anstieg der Newsletter-Abonnenten von 50 auf über 10 000 innerhalb von drei Monaten (5 000 Abonnenten waren angepeilt)
- **Response** – durchschnittliche Responserate von 30 Prozent bei jeder Abstimmung
- **Weiterempfehlungen** – 27 Prozent der Weiterempfehlungen resultierten in einem neuen Abonnenten des Newsletters.
- **Pre-Launch Party** – 400 Gäste bei der Pre-Launch Party

Lehren, vermeidbare Fehler und Probleme

Als Pioniere einer neuen Vermarktungsidee konnten Mulham und seine Partner natürlich nicht auf Erfahrungen anderer zurückgreifen. So war der Erfolg von Blowfly zu Beginn begleitet von Fehlern und Problemen. Hier eine Auswahl:

- **Anlaufschwierigkeiten** – Die „philosophische" Idee hinter Blowfly als „Public-Beer" kam zu Beginn nicht so gut an wie gedacht. Viele verstanden den Nutzen nicht. Zudem waren auch die beschreibenden Texte viel zu lang für das Medium Internet. Erst als der Weiterempfehlungsanreiz (kostenloses Biertrinken auf der Launch-Party) als simpler Clou hinzukam, stieg die Zahl der Newsletter-Abonnenten exponenziell an.
- **Abstimmungsprobleme** – Manche Entscheidungen der Community wie beispielsweise die Wahl der Bierkisten stellten sich später als zu teuer heraus. Dies zwang die Firmengründer mehrmals dazu, die Entscheidung der Mehrheit zu ignorieren. Da die Blowfly-Gründer aber immer aufrichtig und ehrlich den Sachverhalt erläuterten, verstanden die Fans auch die Gründe und akzeptierten die Entscheidung.
- **Kreativitätslücken** – 13 spannende Abstimmungen zu gestalten, stellte sich im Laufe der Kampagne als ziemlich schwierig heraus, so dass teilweise auch über nicht so interessante Aspekte, wie beispielsweise das offizielle T-Shirt-Logo, abgestimmt werden musste.

Kernelemente der Kampagne Teil 2 (Post-Launch): Verkaufs- und Bekanntheitssteigerung

Nach der 13-wöchigen Einführungskampagne wurden alle Mitglieder zu einer großen Launch-Party eingeladen. Mulham vertraute zwar darauf, dass der Hype um das neue Bier nun nach dem offiziellen Start auch in entsprechend starken Online-Verkäufen resultieren würde. Um die Bekanntheit von Blowfly weiter zu steigern und die ersten Pubs und Clubs davon zu überzeugen, dass sie das Bier in ihr Sortiment aufnahmen, entwickelten Mulham & Co jedoch vier weitere Vermarktungstaktiken.

- Die Blowfly Girls

„Bier macht Frauen nicht nur hübscher", es verkauft sich auch leichter aus Frauenhand. Dieser Tatsache waren sich auch die Blowfly-Gründer bewusst. Zu Beginn engagierten sie Hostessen und angehende Schauspielerinnen von professionellen Agenturen, um bei Veranstaltungen das Bier vorzustellen. Doch das zahlte sich – entgegen aller Erwartungen – nicht aus. Den Mädchen fehlte es an

Enthusiasmus und Feeling für Blowfly, so dass Mulham sehr froh darüber war, dass schließlich seine Assistentin den Job übernahm.

Mit hautengen Blowfly Tops ausgestattet, reiste die junge Irin zusammen mit ein paar Freundinnen zu jedem wichtigen Event in Australien:

- Die Blowfly Girls fuhren beispielsweise zum National Beer Festival, um mit den Punktrichtern zu plauschen.
- Sie munterten die Angestellten einer insolventen Brauerei auf, indem sie sie zum Ende der Arbeitszeit besuchten und Bier vorbeibrachten.
- Grundsätzlich fuhren die Blowfly Girls auch überall dorthin, wo engagierte Biertrinker ihren Kneipenwirt überzeugen konnten, das Blowfly Bier ins Sortiment zu nehmen.

Alle größeren Aktionen wurden natürlich mit Fotos auf der Website für die Nachwelt festgehalten.

■ Aufsehen erregende Lieferungen

Zu jeder größeren Brauerei gehört natürlich auch ein prestigeträchtiges Auslieferungsfahrzeug. Da Mulham & Co keine Mittel für einen teuren LKW hatten, ganz zu schweigen vom nötigen Kleingeld für die passende Lackierung, entschieden sie sich für ein einfacheres Konzept. Sie nahmen einen normalen Lieferwagen, versahen ihn mit einem Blaulicht, einer Sirene und zig Blowfly Logos.

Wann immer sie einen Pub oder einen Club belieferten, schalteten sie kurz vorher Blaulicht und Sirene an und sprangen – in weiße Kittel gekleidet – aus dem Wagen und rannten wie von Sinnen mit den Bierkisten zur Lokalität.

■ Aufkleber – überall

Mit jedem Kasten Bier, den Blowfly versendet, schickt es immer auch ein paar Sticker mit. Gleichzeitig kleben die Gründer und ihre Freunde überall dort Aufkleber hin, wo sie von der Zielgruppe wahrgenommen werden (und wo es geduldet wird): Toiletten, Fahrstühle, Plakatwände etc.

■ Ausbau der Mailingliste

Auch nachdem die erste Kampagne vorüber war, zielte Blowfly darauf ab, seine Mailingliste weiter auszubauen. Jedes neue Mitglied erhält heute nach der Registrierung einen Anteil der Firma. In alter Tradition gibt es hin und wieder natürlich ebenfalls Abstimmungen über die weitere Entwicklung des Unternehmens.

Der Weiterempfehlungsanreiz, neue Mitglieder für die Community zu gewinnen, musste natürlich geändert werden. So nimmt heute jeder, der vier oder mehr Freunde zur Blowfly Community einlädt, an einer monatlichen Verlosung von Bier und Merchandising-Artikeln teil.

Erfolgsauswertung Kampagne Teil 2 (Post-Launch)

Der Erfolg der zweiten Kampagne lässt sich natürlich nicht von den Auswirkungen der ersten trennen. Der letztendliche Erfolg beider Kampagnen lässt sich wie folgt zusammenfassen:

- **Umsatz** – circa 700 000 Dollar Umsatz im Jahr 2003 (bei 120 000 Dollar Startkapital)
- **Absatz** – im Schnitt 1 000 verkaufte Bierkisten pro Monat im Jahr 2003 (Preis 44,95 Dollar + Versand), durchschnittlich 2 000 verkaufte Kisten pro Monat Anfang 2004 – durch „Massenproduktion" konnte der Preis pro Kiste zudem auf 39,98 Dollar gesenkt werden.
- **Newsletter** – 20 000 Abonnenten des Newsletters bis Mai 2004
- **Distribution** – Mittlerweile zählen 28 Pubs in Brisbane, sechs in Sydney und drei in Melbourne zu den Stammkunden von Blowfly
- **Wachstum** – Innerhalb von zwei Jahren mussten Mulham & Co bereits dreimal die Brauerei wechseln, um der Nachfrage gerecht zu werden. Derzeit steht eine eigene Brau- und Abfüllanlage als Investition auf dem Plan.
- ***Export- und Kooperationsanfragen*** – Exportanfragen aus den USA, China, Südafrika und Großbritannien; Kooperationsanfragen unter anderem von Reebok

Bei der Suche nach einer kleinen Brauerei, die das Blowfly-Bier schließlich brauen sollte, stießen die Unternehmer auf eine weitere Marktlücke: „Special Event Bier". So erklärten die Besitzer der Brauerei, dass sie häufig Brauanfragen erhielten, diese aber aufgrund zu niedriger Stückzahlen immer zurückweisen mussten. Umgehend ergänzten Mulham diese Option zum Blowfly-Konzept. Wer heute seine Veranstaltung mit etwas Originellen aufwerten will, kann sich bei Blowfly sein eigenes Bier brauen lassen – mit eigenem Label und Kistenaufdruck. Das Geschäft mit Firmen und Institutionen läuft so gut, dass das „Individual-Bier" mittlerweile mehr als 60 Prozent des Umsatzes von Blowfly ausmacht.

Weiterführende Literatur und Websites

- Blowfly Website: www.blowfly.co.au

- „People power", Sydney Morning Herald, 1.5.2004,
  www.blowfly.com.au/Pages.aspx?pageid=8
- „No Small Beer", Blog – FastCompany Magazine, 16.3.2004,
  blog.fastcompany.com/archives/2004/03/16/no_small_beer.html
- „Creating the buzz" von Susannah Moran, Australian Financial Review,
  12.5.2003, afrboss.com/magarticle.asp?doc_id=22780&listed_months=5
- „New Beer Uses Pre-Launch Viral Email Vote to Turn Consumers into
  Evangelists", MarketingSherpa, 24.6.2003, library.marketingsherpa.com
- „Who Runs This Team, Anyway?" von Istvan Banyai, FastCompany Maga-
  zine, April 2002, S. 35

7.9 „North Pole Inc. braucht Ihre Hilfe" – ein Adgame als virale B2B-Kampagne zur Kundengewinnung

Kurzzusammenfassung

Seit der wilden Moorhuhnjagd steht fest: Simple und lustige Spiele kommen in
den Etagen großer Unternehmen gut an. Aber kann man über ein virales
Adgame auch hochwertige Geschäftskundenkontakte gewinnen? Die Internet-
Agentur Unleashed Media hat es versucht. Und es hat geklappt. Innerhalb von
zwei Monaten konnte das Unternehmen eine Reihe neuer Kunden gewinnen und
viele hochwertige Kontakte knüpfen.

Hintergrundgeschichte

In wirtschaftlich angespannten Zeiten schrauben fast alle Unternehmen ihre
Kommunikationsausgaben zurück. Auch Unleashed Media wurde mit dieser
Tatsache konfrontiert. Weniger Kunden und geringere Auftragsbudgets drückten
den Umsatz und sensibilisierten das Bewusstsein dafür, selbst neue Kunden zu
gewinnen. Die Multimedia-Agentur hatte jedoch noch nie für sich selbst eine
Marketing-Kampagne entworfen oder durchgeführt. Die Kreativen der Agentur
standen vor einer neuen Herausforderung.

Herausforderung

Eine besondere Stärke von Unleashed Media war die Entwicklung und technische Umsetzung von Online-Spielen für Marketing-Zwecke. Auf dieses Knowhow wollte die Agentur aufbauen. Es galt ein Spiel zu entwickeln, das einerseits die Aufmerksamkeit der Nutzer weckt und andererseits so faszinierend und unterhaltsam ist, dass jeder gern eine Empfehlung dafür ausspricht.

Da die Agentur hauptsächlich Geschäftkunden erreichen wollte, war die Gestaltung des Spiels eine besondere Herausforderung. Bisher hatte Unleashed Media fast nur Spiele für Endkonsumenten-Kampagnen entwickelt. Es bestand keine Erfahrung darüber, ob ein virales Spiel im B2B-Bereich überhaupt erfolgreich ist (im Sinne der Neukundengewinnung) und wenn ja, wie ein effektives Spiele-Design und eine Erfolg versprechende Präsentation aussehen könnten.

Des Weiteren entschied sich die Agentur dazu, ihr Spiel mit dem Weihnachtsfest zu verknüpfen und die Kampagne kurz vor den Festtagen zu starten. Dies ermöglichte zwar, das Adgame auf ein kommunikationsträchtiges Ereignis aufzusetzen, barg aber auch das Risiko, dass das Spiel im weihnachtlichen eCard Dschungel hätte untergehen können.

Kampagnenüberblick

Kern der zweimonatigen Kampagne war das Flash-Spiel „Wer rettet die Festtage?" (engl. Orginaltitel: „Who wants to save the holidays"). Dieses konnte auf einer speziell dafür eingerichteten Seite auf der Homepage von Unleashed Media heruntergeladen werden.

Um den Empfehlungsprozess zum Laufen zu bringen, entwarf die Agentur ein außergewöhnliches und zugleich ansprechendes E-Mail-Anschreiben, das an alle bestehenden Kontakte des Unternehmens versandt wurde. Anhand eines Links konnte jeder interessierte Empfänger das Spiel herunterladen.

Wer daraufhin seinen Freunden, Kollegen und Bekannten das Spiel empfehlen wollte, musste nur die ursprüngliche E-Mail weiterleiten oder konnte ein in das Spiel integriertes „Tell-a-Friend"-Skript verwenden.

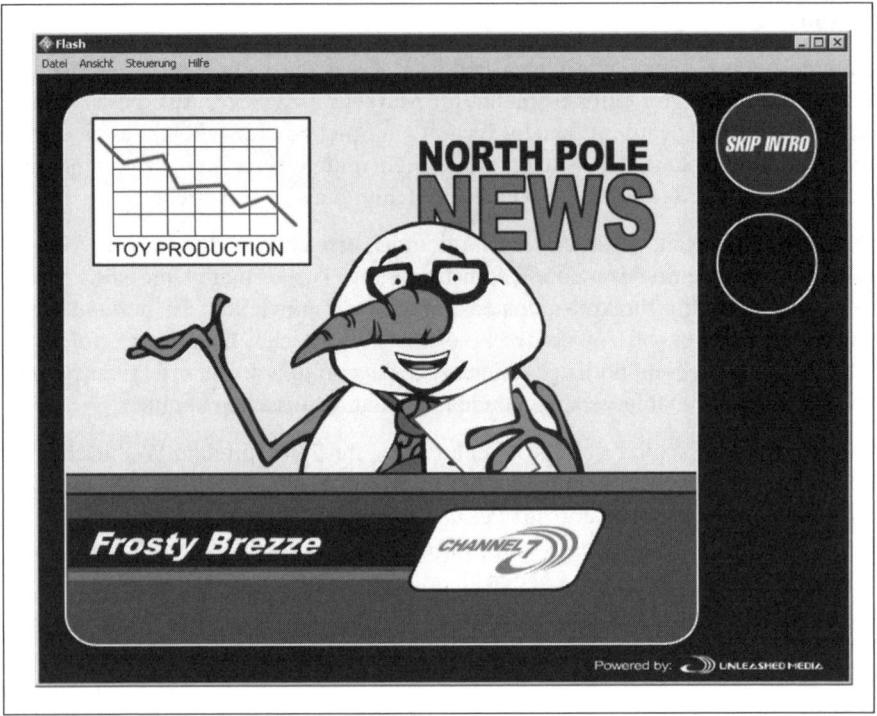

Quelle: www.unleashedmedia.com

Abbildung 33: Frosty Brezze leitet das Spiel fachmännisch ein

Zielgruppe

Zielgruppe:	Bestandskunden, kleine und mittelständische Unternehmen, Journalisten
Alter:	nicht spezifiziert
Profil:	Internetzugang, Flash Player installiert
	Budget von mindestens 2 500 Dollar für Multimedia Dienstleistungen

Kernelemente der Kampagne

Um aus der Masse an Spielen herauszustechen, konzipierte Unleashed Media ein Spiel, das durch drei zentrale Elemente charakterisiert wird:

- **bodenständige Kreativität** – „Wer rettet Weihnachten?" baut auf einem bekannten und erfolgreichen Spielkonzept auf. Da zur damaligen Zeit gerade die Quizshow „Wer wird Millionär" sehr beliebt war, entschied man sich wohl gerade deshalb für eine weihnachtliche Parodie dieser Fernsehsendung. Aufhänger: Der Nordpol suche nach Aushilfselfen, da durch einen anhaltenden Streik die Spielzeugproduktion erheblich unter Soll liege. Nur mit der Hilfe von Tausenden Internetnutzern sei ein Desaster abwendbar. Jeder, der sich fähig fühle und alle Fragen inklusive der eine Millionen-Punkte-Aufgabe löse, würde offiziell zum Elfen ernannt und umgehend zu Orientierungs-, Trainings- und Klimaanpassungszwecken zum Nordpol geflogen.
- **Unterhaltungswert** – Um für Geschäftsleute einen Unterhaltungswert zu bieten, wird das Spiel durch einen fachkundigen Schneemann eingeleitet. Dieser spricht in bester Börsenanalystenmanier von einem „drastic downturn" aufgrund des Streiks, geht auf die Bedenken der Analysten von „Christmas International" ein und erklärt, wie die „Officials von North Pole, Inc." eine Trendwende herbeiführen wollen. Natürlich umfasst das Quiz dann auch alle Feinheiten, die „Wer wird Millionär?" so erfolgreich machten: Die spannungsgeladene Musik, die Joker (natürlich abgeändert in ‚Ruf einen Elf an' ‚frag das Elfen-Publikum', etc.) und einen „intelligenten" Quizmaster.
- **Suchtfaktor** – Das dritte zentrale Charakteristikum ist schließlich Motivation. Wie sein Vorbild schafft „Wer rettet Weihnachten?" es, seine Spieler voll in Beschlag zu nehmen. Einmal angefangen, ist es fast unmöglich, wieder aufzuhören. Die Spannung ist so groß, dass man einfach weitermachen muss.

Um diese „Sucht" zu begünstigen, wurden keine zu schweren Aufgaben gewählt. Zudem erhalten die Spieler beim zweiten Durchspielen keine neuen, sondern es werden dieselben Fragen in der gleichen Reihenfolge abgefragt. Das senkt natürlich die Langzeitmotivation des Spiels, führt jedoch dazu, dass jeder Spieler das Game beim zweiten Durchspielen wesentlich schneller und weiter schafft.

Außer einem anklickbaren Firmenlogo deutete im Spiel zunächst nichts auf die gewerblichen Absichten von Unleashed Media hin. Eine zu erwartende Handlungsaufforderung wie etwa „Interessiert an einem eigenen Werbespiel? Klicken Sie hier ..." integrierten die Entwickler geschickt in den eigentlichen Spielablauf selbst. Macht man nämlich Gebrauch vom Telefonjoker, so hat man die Möglichkeit, einen „Elfen" zu fragen oder live bei Unleashed Media anzurufen, um die richtige Antwort zu erhalten. Wählt man letztere Option, kommt man zu den Kontaktdaten des Unternehmens und einer kurzen Erläuterung dazu, was Unleashed Media an Services bietet.

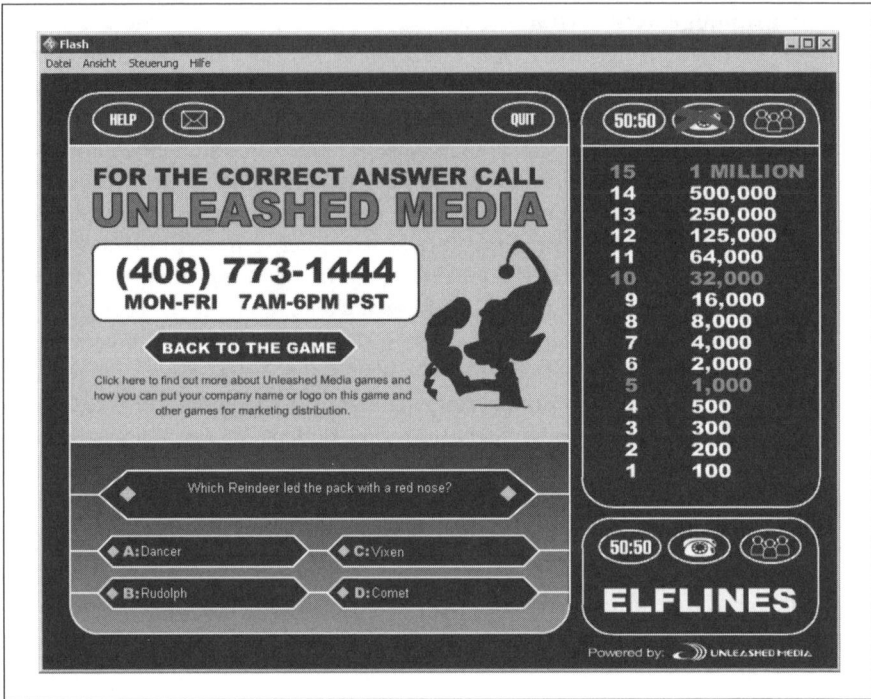

Quelle: www.unleashedmedia.com

Abbildung 34: Geschickt versteckte Unleashed Media den wahren Hintergrund
des Spiels

Weiterempfehlungsanreize und Rahmenbedingungen

Das Spiel an sich bot keine zusätzlichen Weiterempfehlungsanreize. Vielmehr
verließen sich die Kreativen auf die Qualität ihrer eigenen Arbeit als Hauptanreiz für Mund-zu-Mund-Propaganda.

Um möglichst keine Nutzer mit langsameren Internetverbindungen auszuschließen, blieb Unleashed Media bei der Größe des Spiels unter einem MByte.

Kampagnenstart und -verlauf

Die Agentur versendete ein E-Mail-Anschreiben an alle Kontakte des Unternehmens und gab ebenfalls eine Pressemitteilung heraus. Beide – E-Mail Anschreiben und Pressemitteilung – lasen sich wie folgt:

```
Betreff:    Potentielle Elfen
Absender:   Der Nordpol
Wie Sie wissen, besteht derzeit erhebliche Besorgnis über die niedrige
Spielzeugproduktion am Nordpol. Dabei führen die Analysten von
,Christmas International' den drastischen Produktionsrückgang auf den
anhaltenden Streik von ,Santas Elfen' zurück.
Die Verantwortlichen bei ,North Pole Inc.' sind sich jedoch sicher, dass
das Problem mit Hilfe des Internets gelöst werden könnte. Allerdings
wird es Tausende von Nutzern erfordern, um das entstandene Defizit
auszugleichen.
Hiermit fordern wir Sie auf, das Weihnachtsfest zu retten und an einem
offiziellen Online-Test teilzunehmen. Jeder, der in dem Quiz eine
Million Punkte erreicht, wird zu einem kommissarischen Voll-Elfen
ernannt und umgehend zum Nordpol geflogen - zwecks Orientierung,
Training und Klimaanpassung.
Leisten Sie Ihren Teil. Retten Sie das Weihnachtsfest...
http://www.unleashedmedia.com/who.html
```

Quelle: www.unleashedmedia.com

Abbildung 35: Anschreiben zum Kampagnengut von Unleashed Media (dt. Übersetzung)

Insgesamt versendete Unleashed Media ungefähr 3 500 E-Mails mit dem obigen Teaser-Text und dem Link zur Download-Seite. Start der Kampagne war der 15. Dezember 2001 – das Ende der Aktion stellte der 15. Februar 2002 dar.

Erfolgsmessung

Die Messung des Erfolgs erfolgte anhand der Klicks in der E-Mail, anhand der Downloadzahlen des Spiels von der Website sowie anhand der Anzahl der Anwendungen des Tell-a-Friend-Skripts. Weiterhin wurden Kontrollmechanismen integriert, um zu messen, wie häufig ein und derselbe Nutzer das Spiel spielt.

Erfolgsauswertung

Die Kampagne erzielte nach Angaben der Agentur einen unglaublichen Erfolg. Im Einzelnen erreichte Unleashed Media die folgenden Ergebnisse:

- ■ **Klicks** – Insgesamt wurde der Link in der E-Mail von knapp 3 500 Empfängern aufgerufen. Dies heißt natürlich nicht, dass die Mail eine Response von 100 Prozent erreichte, sondern dass viele die Nachricht einfach an Freunde und Bekannte weiterleiteten, die wiederum dann ebenfalls den Link klickten.

- **Downloads** – Innerhalb der zweimonatigen Kampagne luden sich 47 000 Nutzer das Spiel herunter.
- **Medienecho** – Das Spiel wurde in einer viel gehörten internetfokussierten Radiosendung vorgestellt. Des Weiteren erhielt es Rezensionen von hoch frequentierten Portalen wie u.a. About.com und einer Reihe von Online-Spiele-Zeitschriften.
- **Suchtfaktor** – Im Durchschnitt spielte jeder Nutzer das Adgame viermal und verbrachte 10 bis 15 Minuten mit Spielen.
- **Kunden und Kontakte** – Insgesamt konnte Unleashed Media mit Hilfe des Adgames fünf neue Kunden gewinnen. 135 Nutzer fragten weitergehende Informationen an.

Lehren, vermeidbare Fehler und Probleme

Wenige Aspekte der „Wer rettet Weihnachten?"-Aktion bedürfen einer Verbesserung. Betrachtet man den Planungsprozess der viralen Kampagne jedoch ein wenig genauer, stellt man fest, dass sich Unleashed Media auf dünnes Eis gewagt hat, denn die Kampagne hätte ebenso gut auch scheitern können.

- **Kein Pre-Test** – Die Kreativen testeten ihr Konzept nicht vorher an ein paar ausgewählten Kunden oder Mitgliedern ihrer Zielgruppe. Die Gefahr, dass das Spieldesign, die Präsentation und Bewerbung (durch die E-Mail) vielleicht nicht ankommen, war daher eminent – gerade auch weil die Agentur keine Erfahrung mit der Entwicklung eines viralen B2B-Spiels hatte.
- **Kein aktives Seeding** – Die Verantwortlichen in der Agentur verließen sich allein auf ihren E-Mail-Verteiler. Ob und wann dadurch eine kritische Masse erreicht worden wäre, war nicht abzusehen. Durch ein aktives Angehen großer Online-Spiele-Portale und Downloadsites hätte nicht nur das Risiko eines Versickerns der Kampagne abgefedert werden können, die frühen zusätzlichen Kontakte hätten den Erfolg der Kampagne sogar potenzieren können.
- **Uneffizientes Timing** – Durch den späten Start der Kampagne am 15. Dezember wurde wahrscheinlich erhebliches Potenzial verschenkt. Traditionell beginnt in den USA mit dem Thanksgiving-Fest Ende November die Vorweihnachtszeit. Spätestens zu diesem Zeitpunkt wäre es sinnvoll gewesen, eine Kampagne zu starten, die unter der Prämisse „Rettet das Weihnachtsfest" läuft. Dass die Abrufe des Spiels auf hohem Niveau bis Mitte Februar anhielten, spricht für das gute Spielkonzept, wäre bei dem thematischen Hintergrund jedoch nicht unbedingt zu erwarten gewesen.

Weiterführende Literatur und Websites

- Download-Seite des Flash-Spiel „Who wants to save the holidays":
  www.unleashedmedia.com/who.html
- „Can Viral Games Work for Business-to-Business Marketing", Market-ingSherpa, 26.2.2002, library.marketingsherpa.com
- englisches Original des E-Mail-Anschreibens
  web.archive.org/web/20020111065256/www.unleashedmedia.com/company/
  news/121701.html
- Unleashed Media: www.unleashedmedia.com

7.10 Der Weblog-Effekt – Wie INSCENE Online-Tagebücher nutzt, um seine Marke zu stärken

Kurzzusammenfassung

Aus den großen Metropolen der Welt berichten sie – die „Fashionscouts" von INSCENE. Sie decken neue Trends auf, informieren über Skurriles aus der internationalen Modewelt oder berichten von angesagten Szene-Events. Über Online-Tagebücher (Weblogs) suchte das Modelabel des Karstadt Konzerns die Nähe zu seiner Zielgruppe. Ziel war es, auf authentische Art und Weise die Bekanntheit von INSCENE zu steigern und langfristig die Imagewerte der Marke aufzupolieren. Und der Plan ging auf: Die INSCENE Embassy brachte die Marke vor allem bei jungen Meinungsführern ins Gespräch.

Hintergrundgeschichte

„Inscene yourself" (dt. = „Inszenier' Dich") heißt der Slogan der jungen Mode-marke INSCENE des Karstadt Konzerns. Sie zielt auf trendbewusste Konsu-menten ab, die sich durch die Wahl und den Mix ihrer Kleidung selbst definie-ren möchten. Modisch, an den großen Laufstegen der Welt orientiert, peilt Kar-stadt mit seiner Trendmarke dasselbe hart umkämpfte Marktsegment an wie beispielsweise H&M, Gap oder Esprit. Eine in kurzen Abständen aktualisierte Kollektion ist daher – angesichts des Wettbewerbs – auch für INSCENE Pflicht.

Herausforderung

Obwohl die Kollektionen von INSCENE der Konkurrenz in Sachen Preis, „Look" und „Style" in nichts nachstehen, wird die Marke ausgerechnet bei Trendsettern nicht als „hip" und „trendy" wahrgenommen. Die Ursachen hierfür liegen vor allem in der Distribution. Anders als andere Trendmarken wird IN-SCENE nämlich ausschließlich über die Warenhäuser der Kaufhauskette Karstadt vertrieben und nicht über angesagte „In-Boutiquen".

Um das Image seiner Marke aufzuwerten, beschloss Karstadt einen Relaunch der INSCENE Website (www.inscene.de). Man wollte der jungen Zielgruppe über das Netz vor Augen zu führen, dass INSCENE „coole Klamotten für coole Leute" bietet – ganz egal, wo sie verkauft werden. Ziel war es, einen ansteckenden Mehrwert für die INSCENE Website zu konzipieren. Kurzfristig sollte die Marke bei Meinungsführern im Bereich Fashion & Lifestyle ins Gespräch gebracht werden. Langfristig sollte dies zu einer Imageverbesserung des Labels führen.

Zur Realisierung suchte der Konzern einen Weg, möglichst authentisch mit seiner Zielgruppe zu kommunizieren. Das Konzept entwickelte die auf Viral Marketing spezialisierte Agentur vm-people in Zusammenarbeit mit der sirup° Kommunikationsagentur.

Zielgruppe

Modisch interessierte junge Frauen und Männer

Alter: 18 bis 25 Jahre

Profil: Interesse an kosmopolitischen Mode-Codes als Mittel zur Differenzierung und als Ausdruck des persönlichen Stils, hohe Internetaffinität

Kampagnenüberblick

Das Konzept sollte vor allem dem Bedürfnis junger Menschen nach Authentizität und Glaubwürdigkeit gerecht werden. Die Idee: Nicht das Unternehmen, sondern Meinungsführer aus der Zielgruppe berichten aus den Zentren der internationalen Mode. Sie decken Trends auf, zeigen, was gerade wo angesagt ist, und geben Tipps und Tricks zu Lifestyle-Fragen. Schnell war ein Namen für das Konzept gefunden: INSCENE Embassy. Virtuelle Trendbotschaften rund um die Welt sollten den Flair und Style der wichtigsten Metropolen nach Deutschland bringen und gleichzeitig positiv auf die Marke INSCENE abfärben.

Die Umsetzung erfolgte über eine Reihe von Websites, die locker miteinander verknüpft waren. Als redaktionelle Grundlage für die praktische Realisierung diente die Weblog-Technologie. Per Online-Tagebuch berichteten die Trendbotschafter von INSCENE zunächst aus Tokyo, dann aus New York und schließlich auch aus London. Darauf folgten Berlin, Paris und Wien.

Quelle: www.inscene.de

Abbildung 36: Übersicht der INSCENE Weblog-Botschaften

Die Botschaften waren nicht alle gleichzeitig für die Nutzer zugänglich, sondern jede Embassy wurde nur jeweils zwei Monate geöffnet und von der nächsten Metropole – quasi fließend – abgelöst.

Durch die Kommunikationsform des Bloggens wurde eine „persönliche" Nähe zur Zielgruppe hergestellt. Die Reise durch die Welt der Trends ermöglichte eine sehr authentische Ansprache der Zielgruppe, ohne den faden Beigeschmack von getarnter Werbung.

Kernelemente der Kampagne

Mit der INSCENE Embassy knüpfte Karstadt an den Bedürfnissen junger Menschen an und war dadurch in der Lage, die Marke mit positiven Werten aufzuladen. Die technische Grundlage dafür bildeten die Funktionalitäten des Weblog-Formats.

- **Aktualität** – Junge Menschen sind nahezu besessen davon, „up to date" zu sein – besonders, wenn es um Mode geht. Nur wer nah am Zeitgeschehen ist, wird wahrgenommen, akzeptiert und geschätzt.
- **Orientierung** – Obwohl die junge Generation nach Individualität und Differenzierung strebt, sucht sie dennoch gewisse Ankerpunkte und Vorbilder. Wer Orientierung bietet, unterstützt Jugendliche bei der Suche nach der eigenen Identität.
- **Glaubwürdigkeit** – Vor allem junge Leute sind des „Werbe-Blablas" überdrüssig. Sie wollen respektiert und ernst genommen werden – nicht zuletzt auch von den Unternehmen, denen sie ihr Geld geben.
- **Gemeinschaft** – Junge Menschen suchen ganz automatisch den Kontakt zu Gleichaltrigen und Gleichgesinnten. Der Community-Gedanke spielt in der Kommunikation mit der jungen Generation eine wichtige Rolle.

Jede Trendbotschaft bekam ihre eigene URL und präsentierte sich in einem eigenständigen Look & Feel, der an das Flair der Metropole angepasst wurde.

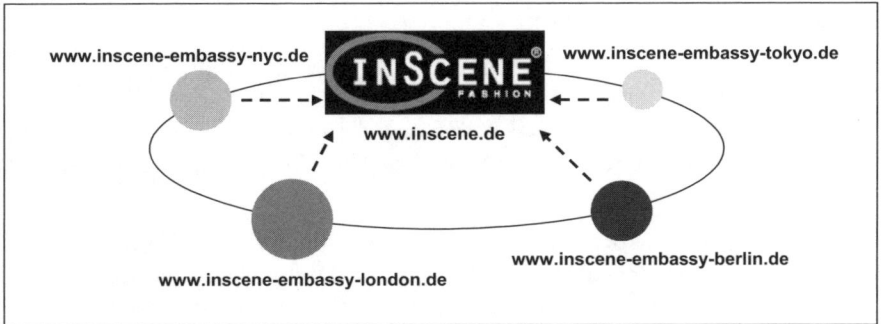

Quelle: www.inscene.de

Abbildung 37: Wie Satelliten umkreisen die INSCENE Embassies die Homepage
inscene.de

Die INSCENE Embassy Weblogs erfüllten die Funktion von Trend-Satelliten, die regelmäßig aktuelle Berichte an die INSCENE Community funkten. Die Unabhängigkeit der Weblogs war ein zentraler Bestandteil des Konzepts. Die Blogger sollten nicht „overbranded" werden. Vielmehr sollte das Gefühl vermittelt werden, dass jeder einzelne Trendscout seine eigene Site mit seinem selbst erstellten Content betreibt. Die Marke INSCENE trat lediglich als Sponsor der jeweiligen Trend-Plattform in Erscheinung.

Die Trendbotschafter wurden aus Hunderten von Kandidaten ausgewählt, die sich über die Website des Modelabels beworben hatten. In der Regel handelte es sich um Studenten, die ein Auslandssemester in der jeweiligen Metropole absolvierten. Per Fragebogen wurden besonders modebewusste, kommunikative und einflussreiche Individuen gefiltert. Das Amt eines Botschafters wurde vier Bewerbern verliehen, deren Charakteristika am ehesten mit den Eigenschaften eines Meinungsführers aus dem Zielgruppensegment übereinstimmten.

Weiterempfehlungsanreize und Rahmenbedingungen

Das Prestige trächtige Amt des Trendbotschafters sorgte innerhalb der Zielgruppe für Gesprächsstoff. Leute in Deutschland alarmierten ihre Freunde in Tokyo, New York oder London, sich für die INSCENE Embassy zu bewerben.

Darüber hinaus stellten die INSCENE Trend-Postings eine soziale Währung dar, die innerhalb der Zielgruppe einen hohen Wert besaß. Einzelne, besonders interessante Berichte verbreiteten sich im vernetzten Linkuniversum der Blogger, der Blogosphäre.

Kampagnenstart und -verlauf

Start der Kampagne war der 17. März 2003. An diesem Termin ging die Trend-botschaft in Tokyo online. In zweimonatigen Abstand folgten die weiteren Standorte. Im gesamten Jahr 2003 berichteten die INSCENE Trendscouts inner-halb ihrer Amtszeit so aus Tokio, New York City, London und schließlich im Herbst 2003 aus Berlin.

Um die Kampagne ins Rollen zu bringen, wurde die INSCENE Embassy über gezielte Seeding-Maßnahmen bekannt gemacht. Dazu gehörte die Kontaktauf-nahme zu relevanten Universitäten und Hochschulen mit Studiengängen wie Design, Mode und Film. Als Nährböden fungierten Foren und Mailinglisten.

Obwohl die INSCENE-Embassies eine eigenständige Kampagne darstellten, waren sie natürlich in die Gesamtstrategie der Mode-Marke integriert. So wur-den die Weblogs z.B. thematisch mit einer Reihe von Live-Veranstaltungen in zentralen Karstadt-Warenhäusern verknüpft. Unter dem Motto „Open House" konnten sich interessierte Teens und Twens von professionellen Stylisten so kleiden und stylen lassen, wie es beispielsweise in Japan gerade „in" war.

Erfolgsauswertung

Mit dem Blogging-Projekt INSCENE Embassy betrat Karstadt absolutes Neu-land. Dieser mutige Schritt wurde von der Zielgruppe honoriert. Deutlich wurde dies unter anderem durch die Zahl der Bewerbungen und die positive Entwick-lung der Zugriffszahlen über den gesamten Projektzeitraum hinweg. Das wich-tigste Ergebnis des Projekts war jedoch, dass die INSCENE Embassy die Marke zurück ins Bewusstsein von Meinungsführern brachte. Dadurch wurden die Weichen für eine nachhaltige Verbesserung des Images gestellt.

Die innovative Verwendung des Weblog-Formats im Markenkontext bescherte INSCENE und Karstadt eine ganze Reihe von Medienberichten in der nationa-len und internationalen Marketing-Fachpresse unter anderem im Design-Magazin PAGE. Die INSCENE Embassy gilt seither vor allem im englischen Sprachraum als Mitbegründer eines speziellen Bloggenres, der „Honest Ad Blogs".

Lehren, vermeidbare Fehler und Probleme

Nach dem erfolgreichen Start im Jahr 2003 und der Fortsetzung mit drei weite-ren Standorten 2004 entschloss sich Karstadt im Zuge einer Strategieänderung, die INSCENE Embassy nicht fortzusetzen. Das Blog-Projekt wurde eingestellt, bevor es eine nachhaltige Wirkung entfalten konnte. Die Möglichkeit, die Zielgruppe dauerhaft zu involvieren und zu begeistern, wurde dadurch versäumt.

7.11 Harry Hambo: Prämie und Marketingtool zugleich – HappyDigits steigert Bekanntheit und Kundenzahl durch mehrstufiges Adgame

Kurzzusammenfassung

Prämiensysteme und Bonusprogramme erfreuen sich einer immer größeren Beliebtheit in der Bevölkerung. Doch die Akzeptanz des Punktesammelns liegt weit hinter dem Möglichen zurück. Daher ist ein wesentliches Ziel für die Betreiber von Bonusprogrammen, den Konsumenten die Vorteile und den Nutzen einer Bonuskarte zu vermitteln. Um kosteneffizient Kunden über das Internet zu gewinnen, ging das Bonusprogramm HappyDigits neue Wege und setzte auf die Möglichkeiten des Viral Marketing. Ein mehrstufiges Adgame über die Abenteuer eines sportlichen Hamsters sollte Mundpropaganda auslösen, den Namen HappyDigits bekannter machen und die Vorzüge von Kundenkarten spielerisch erklären. Der Plan ging auf: Innerhalb von nur drei Monaten erzielte das Spiel über 100 000 Downloads und wurde von Hunderten anderer Websites empfohlen.

Hintergrundgeschichte

HappyDigits ist mit rund 24 Millionen ausgegebenen Bonuskarten eines der größten Kundenbindungsprogramme in Deutschland. Mit nur einer Karte können die Teilnehmer beim Einkaufen, Telefonieren oder Buchen einer Pauschalreise Prämienpunkte, die so genannten Digits sammeln – beispielsweise bei Karstadt, T-Com, Sixt, Neckermann, T-Mobile, Quelle, T-Online, Runners Point, GolfHouse, Kaiser's, Tengelmann oder Hertie.

Hat ein Teilnehmer eine hinreichende Anzahl an Bonuspunkten gesammelt, kann er diese wiederum in attraktive Prämien einlösen. Der Umtausch der Digits erfolgt vor allem über die HappyDigits-Website.

Die CAP Customer Advantage Program GmbH ist die gemeinsame Betreibergesellschaft Deutsche Telekom und KarstadtQuelle für HappyDigits. Sie entwickelt und vermarktet das Bonussystem, ist verantwortlich für die Partnergewin-
nung und managt das Prämiensystem.

Herausforderung

Im Frühjahr 2002 stand die neugegründete Betreibergesellschaft CAP Customer
Advantage Program GmbH vor einer Reihe von Herausforderungen. Zum einen
sollte die Bekanntheit der Marke HappyDigits möglichst kosteneffizient über
das Internet erhöht werden, zum anderen wollte man den Konsumenten das
Prinzip eines Bonusprogramms – das Einlösen der Prämienpunkte (Digits) in
Prämien – in einer einfachen Art und Weise vorstellen. Übergeordnetes Ziel war
es natürlich auch, geschickt Anreize für eine Anmeldung bei HappyDigits zu
schaffen.

Die Idee der Betreibergesellschaft: Ein kostenloses Adgame, das die Nutzer
spielerisch die Funktionen eines Bonusprogramms erkunden lässt, indirekt die
Bekanntheit von HappyDigits steigert und durch einen mehrstufigen Aufbau
Motivation liefert, HappyDigits einmal auszuprobieren.

Mit der Verwendung eines Adgame sollte die zunehmende Bedeutung von Spielen als Werbeform genutzt und der damit häufig einhergehende virale Effekt der
Nutzerweiterempfehlung im Internet instrumentalisiert werden.

Für die Umsetzung suchte CAP eine kompetente und erfahrene Agentur. Die
Betreibergesellschaft fand sie in der Anders und Seim Neue Medien AG.

Quelle: www.happydigits.de

Abbildung 38: Harry Hambos Prämienladen

Kampagnenüberblick

Im Mittelpunkt der Viral-Marketing-Kampagne stand das mehrstufige Adgame „Harry Hambo", das primär auf der Website von HappyDigits heruntergeladen werden konnte (www.happydigits.de). Dabei war jedoch nur ein Teil des Spiels kostenfrei. Die Teaser-Version mit nur ein paar Levels konnte von jedem Internetnutzer gespielt werden. Die attraktivere und umfangreichere Vollversion gab es als Prämie nur für Teilnehmer des HappyDigits-Bonusprogramms.

Quelle: www.happydigits.de

Abbildung 39: Harry Hambo – das Spiel

Kernelemente der Kampagne

Die Titelfigur des witzigen Jump & Run- und Rennspiels „Harry Hambo" ist ein sportlicher Hamster, der Wüsten oder Dschungel mit Rennwagen oder Flugzeug durchquert und dabei Punkte in Form von Früchten und Schätzen einsammelt. Diese lassen sich – analog zum HappyDigits-System – vor dem Start einer neuen Strecke gegen neue Zusatzfunktionen eintauschen.

Die kostenlose Grundfassung des Spiels umfasst drei spannende Spielrunden, einen Harry Hambo-Screensaver sowie einen Ausblick auf die zusätzlichen Features der Vollversion. Letztere ergänzt das Grundspiel um sieben zusätzliche Strecken, neue Fahrzeuge und viele Extras.

Um den Wiederspielwert von Harry Hambo zu erhöhen, integrierten die Macher einen Wettbewerb zwischen den Spielern. So lassen sich die offline erspielten Punktzahlen auf eine spezielle Highscore-Seite ins Internet übertragen. Die besten Spieler können so jederzeit einsehen, wie ihre Wettbewerber stehen und ihr Ranking daraufhin durch bessere Spielergebnisse – wenn nötig – steigern.

Weiterempfehlungsanreize

Die Harry-Hambo-Kampagne umfasste keine speziellen Weiterempfehlungsanreize. Zwar konnte das Game über ein Empfehlungsskript automatisiert von Nutzern an Freunden und Bekannte weiterempfohlen werden, eine Belohnung hierfür setzte die Betreibergesellschaft CAP jedoch nicht aus.

CAP sowie Anders und Seim vertrauten auf die kreative Qualität des Adgames als größten Anreiz, Mundpropaganda auszulösen.

Kampagnenstart und -verlauf

Die Kampagne startete im September 2002. Dabei war klare Zielvorgabe, möglichst viele Internetuser zu erreichen. Man begrenzte die Aktion daher bewusst auf keinen bestimmten Zeitraum. Je mehr potenzielle Kunden HappyDigits über das Spiel kennen lernen würden, desto besser. Entsprechend „zeitlos" wurde das ganze Adgame konzipiert. Harry Hambo konnte so noch Mitte 2005 – fast drei Jahre nach Kampagnenstart – über happydigits.de sowie über zahlreiche weitere Seiten heruntergeladen werden. Ein Ende der Kampagne war zu diesem Zeitpunkt noch nicht absehbar.

Mit einer Dateigröße von 4,1 MB rangierte das Harry Hambo Spiel im oberen Bereich der durchschnittlichen Downloadgrößen. Mit einer üblichen DSL-

Verbindung ist das Spiel innerhalb weniger Sekunden heruntergeladen. Nutzer mit sehr langsamen Internetverbindungen (etwa mit einem 56k-Modem oder einem ISDN-Anschluss) benötigen jedoch zum Download einer derartigen Datei immer noch mindestens acht bis zwölf Minuten.

Um das Adgame reichweitenstark zu verbreiten, setzte Anders und Seim zu Beginn der Kampagne auf ein erweitertes Seeding (Streuen) des Spiels. Hierzu wurde das Adgame parallel zur HappyDigits-Website gut sichtbar auch auf dem hoch frequentierten Portal bildschirmschoner.de (wird von der Agentur Anders und Seim betrieben) als Download bereit gestellt. Des Weiteren wurden gezielt Partner, die ebenfalls Download bezogene Portale unterhalten, angesprochen.

Es dauerte nicht lange, bis sich die Qualität des Spiels unter den Webmastern und Online-Redakteuren herumgesprochen hatte. Da „Harry Hambo" ohne Auflagen von jedem Portal zur Verfügung gestellt werden durfte, werteten innerhalb kurzer Zeit viele private, halbkommerzielle und kommerzielle Internetangebote ihre Websites mit dem Download des Adgames auf.

Erfolgsmessung

Zentrale – messbare – Erfolgsgröße war die Anzahl der Downloads der kostenfreien Teaser-Version und der erweiterten Vollversion. Diese konnten für die Teaser-Version über bildschirmschoner.de und happydigits.de ausgewertet sowie für die Vollversion anhand der Website des Bonusprogramms erhoben werden.

Als weitere wichtige – vor allem unter dem Aspekt der viralen Verbreitung bedeutende – Größe für die Erfolgsmessung der Kampagne wurde regelmäßig das Web auf weitere Sites hin untersucht, die die kostenfreie Teaserversion zum Download angeboten haben.

Erfolgsauswertung

Insgesamt erzielte die Kampagne hervorragende Ergebnisse:

- **Downloads der Teaser-Version** – In den ersten drei Monaten nach Kampagnenstart konnten über die oben genannten Seiten happydigits.de und bildschirmschoner.de nachweislich mehr als 100 000 Downloads generiert werden. Bis Anfang 2005 zählten die Server sogar mehr als 250 000 Anfragen. Mindestens die gleiche Anzahl Downloads wurde über andere Portale angeregt. So zählte allein die nicht direkt überwachte Website t-online.de von November 2002 bis Mai 2005 über 12 500 Downloads.

■ **Downloads der Vollversion** – Über 20 000 Teilnehmer des Bonusprogramms von HappyDigits entschieden sich für die Vollversion von „Harry Hambo" als Prämie. Dies lässt auf eine relativ hohe Konversionsrate von Teaser-Spielern zu HappyDigits-Kunden schließen.

■ **Anzahl an Download-Sites** – Bis Juni 2005 konnte „Harry Hambo" noch auf über 200 Seiten im Internet heruntergeladen werden. Dabei erzielte das Spiel auf fast allen Portalen, die die Bewertung des Spiels durch seine Nutzer zuließen, sehr gute qualitative Einschätzungen.

Weiterführende Literatur

■ Website zum Bonusprogramm: www.happydigits.de
■ Die Anders und Seim Neue Medien AG (www.andersundseim.de) ist Spezialanbieter im Bereich der Bildschirmschoner- und Spieleproduktion und betreibt als B2C-Website bildschirmschoner.de.
■ bildschirmschoner.de ist mit über 600 hochwertigen Bildschirmschonern, fünf Millionen Page Impressions, 500 000 Visits im Monat (IVW) und circa einer halben Million Downloads eine der meistfrequentierten redaktionellen Sites im deutschsprachigen Internet.
■ T-Online – onSpiele – Details zum Download von Harry Hambo: download.t-online.de/t-games/dl_detailseite3_db.phtml?progid=20218

7.12 Eine „Virtuelle Bahnfahrt" – Wie die Deutsche Bahn virale Erfolge mit einem Bildschirmschoner feierte

Kurzzusammenfassung

Einmal im Führerstand eines modernen ICE oder einer nostalgischen Dampflok zu stehen, davon träumt fast jeder Eisenbahnfreund. Doch für die meisten Bahnenthusiasten bleibt dieser Wunsch in der Regel unerfüllt. Dieses „Misstandes" war sich auch die Deutsche Bahn bewusst. Die Idee: Was in der Realität nur wenigen vergönnt ist, sollte mit einer „Virtuellen Bahnfahrt" für jeden kostenlos am heimischen Bildschirm erlebbar werden. Mittel zum Zweck: ein interaktiver Bildschirmschoner, der mit den Möglichkeiten des Viral Marketing hohe Verbreitung finden sollte. Der Erfolg ließ nicht lange auf sich warten. Allein in den ersten vier Wochen nach der Veröffentlichung zählten die Server der DB über 40 000 Downloads.

Hintergrundgeschichte

Die Deutsche Bahn AG ist der führende Mobilitäts- und Logistikdienstleister Deutschlands. Rund eine viertel Million Mitarbeiter sind in ihren Unternehmensbereichen Personenverkehr, Transport & Logistik, Fahrweg, Personenbahnhöfe und Dienstleistungen tätig. Jährlich befördert der Konzern über 1,6 Milliarden Menschen und legt dafür rund 16 Milliarden Personenkilometer zurück. Das schnellste „Kind" der Bahnfamilie – der ICE 3 – erreicht mittlerweile sogar unglaubliche 330 km/h. Zahlen der Superlative, die der Eisenbahn und ihrer Technik seit Jahrzehnten viele Fans bescheren.

Die Website der Deutschen Bahn (bahn.de) ist mit 3,8 Millionen Unique Usern laut Nielsen Netratings Deutschlands meist besuchtes Mobilitäts- und Reiseportal. Auf über 1 800 Seiten bietet es umfassende Informationen, Angebote und Services rund um das Thema Bahn und Reisen, die laufend aktualisiert und gepflegt werden. Im Januar 2005 verzeichnete bahn.de rund 35 Millionen Visits und 149 Millionen Page Impressions.

Hauptnutzungsbereich innerhalb bahn.de ist die Reiseauskunft. Beinahe 220 Millionen Visits mit rund 1,2 Milliarden Page Impressions bezogen sich im Jahr 2004 ausschließlich auf diesen Bereich. Pro Tag werden rund zwei Millionen Reiseauskünfte erteilt.

Speziell Bahnfans hat die Deutsche Bahn auf ihrem Bahn- und Mobilitätsportal eine ganze Rubrik gewidmet. Dort gibt es alles, was die Herzen von Eisenbahnenthusiasten höher schlagen lassen – beispielsweise exklusive Nostalgiereisen in klassischen Zügen, Geschenkideen aus dem BahnShop 1435 oder historische Hintergrundinformationen.

Herausforderung

Da sich im Internet kleine PC-Spiele und kurzweilige Screensaver einer großen Beliebtheit erfreuen, entschied sich auch die Deutsche Bahn dazu, im Rahmen der Kundenbindung und des Branding diese multimedialen „Unterhaltungselemente" auf ihrer Website anzubieten.

Vor allem Bildschirmschoner bieten aus Marketingsicht eine hervorragende Möglichkeit, Kunden- und Unternehmensinteressen miteinander zu verknüpfen. Den Nutzern gewähren sie – wenn sie sich in Arbeitspausen anschalten – Ab-

wechslung vom schnöden Bildschirmhintergrund. Den Unternehmen bieten sie
– soweit geschickt positioniert – die Möglichkeit, ihren Markennamen wieder
und wieder den Kunden vor Augen zu führen.

Dieser Tatsache war sich auch die Deutsche Bahn bewusst. Zur Steigerung der
Markendurchdringung „im Medium Internet" beauftragte sie die Anders und
Seim AG, ein interaktives Bahnerlebnis in Form eines Bildschirmschoners zu
entwickeln. Ziel war es, Bahnfreunde und -interessierte gleichermaßen zu faszi-
nieren und dadurch Weiterempfehlungen des Programms zu induzieren.

Kampagnenüberblick

Im Mittelpunkt der Viral-Marketing-Kampagne stand der interaktive Bildschirmschoner „Virtuelle Bahnfahrt", der primär auf dem Reiseportal der Deutschen Bahn (www.bahn.de) heruntergeladen werden konnte. Darüber hinaus
strebte das Unternehmen eine möglichst zielgruppenspezifische Verbreitung des
Schoners unter den Nutzern (über Mund-zu-Mund-Propaganda) und auf Bahn
affinen Websites an.

Kernelemente der Kampagne

Die „Virtuelle Bahnfahrt" versetzt den Nutzer in die Perspektive eines Zugführ-
rers. Wahlweise erfolgt dies durch den Blick aus einem ICE-Cockpit, wodurch
die Modernität dargestellt wird, oder durch die Sichtweise aus dem Führerstand
einer Dampflokomotive, um der Traditionsverbundenheit vieler Eisenbahn-
freunde Rechnung zu tragen.

Dabei zeigt der Bildschirmschoner die Fahrt durch eine virtuelle Landschaft.
Neben der realistischen 3D-Visualisierung von Fahrtstrecke und Wetter vermittelt der spezifische Sound des Screensavers das Gefühl, tatsächlich in einer Lok
zu sitzen.

Mit den Pfeiltasten hoch und runter kann der Nutzer zudem den Zug beschleu-
nigen, bremsen oder sogar anhalten. Wenn er den Zug wechseln will, reicht ein
Knopfdruck und das Cockpit ändert sich von Dampflok zu ICE und umgekehrt.

Quelle: www.bahn.de

Abbildung 40: Die „Virtuelle Bahnfahrt" der Deutschen Bahn AG

Weiterempfehlungsanreize und Rahmenbedingungen

Die Viral-Marketing-Kampagne zur „Virtuellen Zugfahrt" umfasste keine speziellen Weiterempfehlungsanreize. Zwar konnte der Bildschirmschoner über ein
Empfehlungsskript auf bildschirmschoner.de automatisiert von Nutzern an
Freunden und Bekannte weiterempfohlen werden, eine Belohnung hierfür wurde
jedoch nicht ausgesetzt.

Der Personenbeförderer sowie die planende und umsetzende Agentur Anders
und Seim vertrauten auf die kreative Qualität des Bildschirmschoners als größten Anreiz, Mundpropaganda auszulösen.

Kampagnenstart und -verlauf

Die Kampagne startete im Juli 2002. Um so viele Nutzer wie möglich zu erreichen, setzte die Deutsche Bahn der Kampagne absichtlich kein klares Enddatum.
Je mehr Nutzer sich den Screensaver herunterladen würden, desto besser.
Die „Virtuelle Bahnfahrt" konnte so noch Mitte 2005 – drei Jahre nach Kampagnenstart – über den „Bahnfan-Bereich" auf bahn.de sowie über zahlreiche
weitere Seiten heruntergeladen werden. Ein Ende der Kampagne war zu diesem
Zeitpunkt noch nicht absehbar.

Mit einer Dateigröße von 2,8 MB rangierte der Bildschirmschoner im mittleren
Bereich der durchschnittlichen Downloadgrößen. Mit einer üblichen DSL-
Verbindung ist das Spiel innerhalb weniger Sekunden heruntergeladen. Nutzer
mit sehr langsamen Internetverbindungen (etwa mit einem 56k-Modem oder

einem ISDN-Anschluss) benötigen jedoch zum Download einer derartigen Datei immer noch mindestens sechs bis neun Minuten.

Um den Bildschirmschoner über bahn.de hinaus reichweitenstark zu verbreiten, setzte Anders und Seim zu Beginn der Kampagne auf ein erweitertes Seeding (Streuen) des Spiels. Hierzu wurde der Screensaver parallel zur Website der Deutschen Bahn ebenfalls auch auf dem hoch frequentierten Portal bildschirmschoner.de (wird von der Agentur Anders und Seim betrieben) als Download bereit gestellt. Des Weiteren wurden gezielt potenzielle Partner, die Bahn affine Websites unterhalten, angesprochen.

Erfolgsmessung

Der Erfolg der Kampagne wurde primär über die Anzahl der Downloads auf den Websites bahn.de und bildschirmschoner.de gemessen. Als weitere wichtige Größe für die Erfolgsmessung der Kampagne, wurde regelmäßig das Web auf themenspezifische Sites hin untersucht, die den kostenfreien Bildschirmschoner zum Download angeboten haben.

Erfolgsauswertung

Die Viral-Marketing-Kampagne war ein großer Erfolg. Allein innerhalb der ersten vier Monate zählten die Server der Bahn und von bildschirmschoner.de über 40 000 Downloads. Diese Zahl stieg in den fünf Folgemonaten sogar auf mehr als 100 000 Downloads an. Der tatsächliche virale Effekt der Kampagne konnte über die beiden Sites jedoch nur bedingt gemessen werden, da keine Kontrollfunktionen zur Überwachung von Weiterleitungen und Empfehlungen des Programms zwischen Freunden und Bekannten integriert wurden.

Bis heute (das heißt nach drei Jahren) kann der Bildschirmschoner auf Hunderten von Portalen und Websites (insbesondere von Spiele- und Bahn/Modellbahn-Sites) heruntergeladen werden. Dabei erzielten die nicht direkt überwachten Sites ebenfalls hervorragende Downloadzahlen. So weist beispielsweise der Server von Winload.de knapp 11 000 und der Downloadbereich von T-Online über 7 300 Dateiabrufe aus.

Weiterführende Literatur

- Die Deutsche Bahn (DB) auf einen Blick:
  www.db.de/site/bahn/de/unternehmen/konzern/fakten/aufeinenblick/aufeinen
  blick.html.
- Website des Bahn- und Mobilitätsportals der Deutschen Bahn: www.bahn.de
- Die Anders und Seim Neue Medien AG (www.andersundseim.de) ist Spezialanbieter im Bereich der Bildschirmschoner- und Spieleproduktion und betreibt als B2C-Website bildschirmschoner.de.
- Website zum primären Download des Screensaver:
  www.bahn.de /p/view/home/fun/spass.shtml
- bildschirmschoner.de ist mit über 600 hochwertigen Bildschirmschonern,
  fünf Millionen Page Impressions, 500 000 Visits im Monat (IVW) und circa
  einer halben Million Downloads eine der meistfrequentierten redaktionellen
  Sites im deutschsprachigen Internet.
- Downloads auf Winload.de:
  www.winload.de/download/14211/Grafik,Desktop/Bildschirmschoner/Virtue
  lle.Bahnfahrt-1.0.html
- T-Online Download-Bereich:
  download.t-online.de/dl_detailseite3_db.phtml?progid=20446

7.13 Weiterempfehlungsanreize mit ansteckendem Effekt – wie Singapore Airlines über eine Mischung aus viralem Wettstreit und Gewinnspiel Millionen Kontakte erzielte

Kurzzusammenfassung

Gewinnspiele sind ein verlässliches Mittel zur Adressgewinnung. Doch Mundpropaganda in virulentem Ausmaß können sie nicht auslösen. So die gängige
Meinung. Dass das nicht unbedingt der Fall sein muss, zeigt die Online-
Kampagne zur Einführung einer neuen Flugroute von Singapore Airlines. Eigentlich als unterstützende Maßnahme zur klassischen TV- und Printwerbung
konzipiert, entwickelte sich die Mischung aus Gewinnspiel und viralem Wettstreit schnell zu einer sozialen Epidemie. Innerhalb von nur acht Wochen er-

reichte die Fluggesellschaft über 1,5 Millionen Kontakte und konnte 360 000 Gewinnspielteilnehmer aus über 200 Ländern gewinnen.

Hintergrundgeschichte

Singapore Airlines ist eine der größten Fluggesellschaften der Welt. In nur zwei Jahrzehnten schaffte das Unternehmen den Aufstieg vom regionalen Carrier zu einer weltweit agierenden Fluglinie. Der Pionier in Sachen Kundenservice – das Unternehmen bot als eines der ersten seinen Passagieren kostenfreie Getränke und Kopfhörer an – fliegt heute über 55 Ziele in 32 Ländern an. Dabei zählt die 90 Flugzeuge starke Flotte zu einer der modernsten der Welt.

Herausforderung

Als Teil einer umfassenden Werbekampagne zur Markteinführung einer neuen Flugroute nach Chicago im Jahre 2001 erwarb Singapore Airlines ein Cross-Media-Werbepaket von AOL/Time Warner. Dieses umfasste neben klassischen TV- Spots auf CNN und Print-Werbung in der Asienausgabe des Fortune Magazines auch Banneranzeigen auf CNN.com. Letztere sollten die Hauptwerbeträger Print und TV unterstützen. Ein besonderer Fokus als eigenständiges Instrument oblag der Online-Werbung nicht.

Um die Online-Kampagne im Vergleich zu den Hauptwerbeträgern aufzuwerten holte CNN.com die auf Viral Marketing spezialisierte Agentur „webguruasia" mit ins Bot. Diese sollte versuchen, den Werbeeffekt der Banneranzeigen durch virale Elemente zu steigern. Ziel war es, die Bekanntheit des neuen Angebots von Singapore Airlines zu erhöhen und gleichzeitig E-Mail-Adressen für spätere Promotionzwecke zu sammeln.

Kampagnenüberblick

Im Mittelpunkt der Kampagne stand eine Mischung aus viralem Wettstreit und Gewinnspiel. Die auf CNN.com geschalteten Banneranzeigen bewarben somit nicht vornehmlich die neue Flugroute, sondern hauptsächlich die Chance, drei Paar Businessclass Tickets für einen Freiflug im Netz der Singapore Airlines zu gewinnen.

Um Weiterempfehlungen zu motivieren, integrierten die Verantwortlichen geschickt einen eCard-Service. Der Clou: Jeder Teilnehmer konnte seine Gewinnchancen erhöhen, indem er virtuelle Ansichtskarten (mit Hinweis zum Gewinnspiel) an Freunde und Bekannte versendete. Für jede tatsächlich abgerufene Ansichtskarte erhielt der jeweilige Teilnehmer dann wiederum ein weiteres „Los".

Kernelemente der Kampagne

Zur zeitnahen Adressengewinnung stellen Gewinnspiele ein hervorragendes Mittel dar. Vom Wert der ausgelobten Preise angelockt, geben viele Konsumenten gerne private Informationen an, um dadurch die Aussicht auf einen interessanten Gewinn zu erhalten.

Als Mittel zum Zweck, in kurzer Zeit möglichst viele E-Mail-Adressen zu sammeln, war ein Gewinnspiel also sehr gut geeignet. Doch Gewinnspiele haben einen entscheidenden Nachteil: Es bestehen kaum Möglichkeiten für den Veranstalter, außer über die Art der Preise Weiterempfehlungen auszulösen. Es ist daher in der Regel ein immenser Werbeaufwand von Nöten, um möglichst viele Personen zur Teilnahme zu bewegen – vor allem, wenn man die hohe Werbedichte im Netz bedenkt. Banner erzielen hier nicht selten nur eine Klickrate von unter einem Prozent. Um das Potenzial der klickenden Nutzer effizient zu nutzen, ist deshalb eine gute Strategie mehr als ratsam. Dieser Tatsache war sich auch webguruasia bewusst.

Die Agentur ergänzte deshalb das klassische Gewinnspielkonzept um eine Wettstreit-Komponente. Die Idee: Die Teilnehmer können ihre Chancen, einen Preis zu gewinnen, dadurch erhöhen, dass sie möglichst vielen Freunden und Bekannten das Gewinnspiel empfehlen.

Um das zweite Ziel – Steigerung der Bekanntheit der neuen Flugroute – nicht zu vernachlässigen und einen Mehrwert für Weiterempfehlungen zu bieten, entschied man sich, die Teilnehmerempfehlungen mit einem eCard-Service zu verknüpfen. So versendeten die Nutzer nicht nur eine simple Empfehlung per E-Mail, sondern gleichzeitig einen Link zu einer elektronischen Ansichtskarte. Vier unterschiedliche Motive aus Chicago bot Singapore Airlines den Teilnehmern am Gewinnspiel zur Auswahl.

Weiterempfehlungsanreize und Rahmenbedingungen

Zur Erhöhung der Weiterempfehlungsrate, wendeten die Veranstalter einen cleveren Trick an. Jeder Nutzer, der gerade eine eCard versendet hatte, wurde nicht einfach auf eine simple Bestätigungsseite weitergeleitet, sondern erhielt den Hinweis, dass seine Empfehlung erfolgreich versendet wurde, auf der Startseite des eCard-Versandsystems präsentiert. So konnte der Nutzer umgehend eine weitere Empfehlung aussprechen und so weiter.

Aufgrund der SPAM-Problematik wurden alle ausgehenden E-Mails automatisch personalisiert. So entsprach der Absender nicht etwa Singapore Airlines, sondern der E-Mail-Adresse des Gewinnspielteilnehmers. Ebenso das Betreff: Hier wurde auch auf Möglichkeiten des Branding verzichtet und der Hinweis auf die eCard mit dem Vornamen des Empfehlenden versehen („Jeff send you an eCard").

Kampagnenstart und -verlauf

Die achtwöchige Kampagne startete im dritten Quartal 2001.

Zur Verbreitung des Gewinnspiels kamen die Möglichkeiten des erweiterten Seeding (Streuen) zum Einsatz. Das Gewinnspiel wurde – wie bereits zuvor erwähnt – über Bannerwerbung auf dem Portal CNN.com im Zielmarkt gestreut. Weitere Streumaßnahmen kamen nicht zum Einsatz.

Erfolgsmessung

Die primäre Messung der Kampagnenergebnisse erfolgte über die Auswertung von Server-Logfiles. Hierüber ermittelte webguruasia mittels CNN.com Erfolgsparameter wie Besucherzahlen, versendete Empfehlungen und Aufrufe von eCards.

Des Weiteren erfolgte eine permanente Erfolgskontrolle über eine Datenbank der eingetragenen Gewinnspielteilnehmer.

Erfolgsauswertung

Der Erfolg der Kampagne überraschte alle Beteiligten. Die Ergebnisse lassen sich wie folgt zusammenfassen:

- **Teilnehmer am Gewinnspiel** – Insgesamt nahmen 360 000 Nutzer aus über 200 Ländern am Gewinnspiel teil. Davon entschieden sich 80 Prozent dazu, auch in Zukunft über Neuigkeiten von Singapore Airlines per E-Mail informiert zu werden.
- **Weiterempfehlungsrate** – 70 Prozent aller Teilnehmer kamen nicht über die Bannerwerbung zur Gewinnspielwebsite, sondern über Weiterempfehlungen.

Die Weiterempfehlungsrate nahm nach den ersten vier Kampagnenwochen exponenzielle Züge an.

▪ **abgeholte eCards** – Innerhalb der achtwöchigen Kampagne wurden 1,5 Millionen eCards vom Server des Gewinnspiels abgeholt.

▪ **Awards** – Die Singapore Viral-Marketing-Kampagne wurde mit dem „Best Integrated Campaign in Asia-Pacific Award" sowie mit dem „Gold Award" des Media Magazine ausgezeichnet.

Weiterführende Literatur und Websites

▪ „Case Study: Singapore Airlines Tests Viral eCard Campaign", e-consultancy.com, 7.3.2002, www.e-consultancy.com/newsfeatures/1611/case-study-singapore-airlines-tests-viral-ecard-campaign.html

▪ „Chicago Blues – Case Study Singapore Airlines", webguruasia, 2001, www.webguruasia.com/eng/_lib/pdf/sia_chicago.pdf

7.14 „ElferDuell" – eine virale Kampagne als Instrument zur Unterstützung im Event-Marketing

Kurzzusammenfassung

Man nehme 4 Spielfelder, 20 hochmotivierte Teams aus der Agentur- und Medienbranche und 1 000 Zuschauer – fertig ist ein interessantes Fußballturnier als Aufhänger für eine Institution in Hannovers Medienbranche. Ganz so einfach geht es natürlich nicht. Wer schon einmal ein B2B-Event geplant hat, weiß, wie schwierig es sein kann, ausreichend Teilnehmer und Sponsoren zu gewinnen – ganz besonders, wenn man nur eine ganz bestimmte Klientel ansprechen will. Vor dieser Herausforderung standen auch die Veranstalter des Madsack Mediacups. Um möglichst kosteneffizient viele potenzielle Teilnehmer und Sponsoren aus der Medienbranche für das Turnier zu begeistern, setzten die Verantwortlichen nicht auf aufwändige Mediabudgets, sondern vertrauten auf die Möglichkeiten des Viral Marketing. Und das mit Erfolg: Maßgeblich unterstützt durch den virtuellen Wettstreit – das ElferDuell – motivierten die Veranstalter in wenigen Wochen Hunderte von Kreative am Mediacup als Spieler oder Zuschauer teilzunehmen, und gewannen drei hochkarätige Sponsoren.

Hintergrundgeschichte

Der Madsack Mediacup ist der jährliche Treffpunkt der Agentur- und Medien-branche aus der Region Hannover. Im Juni jeden Jahres treffen sich circa 500 Teilnehmer und Besucher in der Landeshauptstadt, um unter maximal 20 Mann-schaften den Sieger eines Fußballturniers auszuspielen – den Gewinner des Mediacup. Auf einer anschließenden „Players Night" bietet sich in exklusivem Ambiente Gelegenheit für Gespräche und Kontakte.

Ins Leben gerufen wurde der Mediacup durch die drei Hannoverschen Agentu-ren w3design (Internet), Str8 Events sowie Windrich & Sörgel (Werbung). Hauptsponsor und Namensgeber des Turniers ist das Niedersächsische Verlags-haus Madsack.

Zentrale Kommunikationsplattform und Anlaufstelle für Teilnehmer und Inte-ressierte ist die Website www.Mediacup-Hannover.de. Hier finden Besucher Informationen zum Turnier, das Rahmenprogramm, die Teilnehmer sowie diver-se Entertainment-Elemente (lustige Videos und Spiele rund um das zentrale Thema Fußball).

Herausforderung

Als Teil des Standortmarketing der Hannoverschen Agentur- und Medienbran-che sollte im Jahr 2004 der regional angelegte Mediacup über die Grenzen Nie-dersachsens hinaus an Popularität gewinnen. Primäres Ziel der Veranstalter war es, über eine gesteigerte Bekanntheit ein breiteres Spektrum an Unternehmen anzusprechen. Hierüber versuchten die verantwortlichen Agenturen eine höhere Anzahl an Teilnehmern insgesamt zu erreichen. Gleichzeitig erhofften sie sich aber auch, im Vorfeld des Cups weitere Sponsoren gewinnen zu können. Als Mittel zum Zweck setzten w3design, Str8 Events sowie Windrich & Sörgel gezielt auf die Möglichkeiten des Viral Marketing.

Kampagnenüberblick

Kern der Kampagne zum Madsack Mediacup war eine Mischung aus viralem Wettbewerb und Adgame. Hierzu übertrug w3design – als Online-Leadagentur – eines der spannendsten Elemente eines Fußballspiels auf ein fesselndes Spiel-konzept. Die Idee: Zwei Spieler treten zeitversetzt zu einem virtuellen Elfmeter-schießen gegeneinander an.

Als Plattform für das Adgame diente die Mediacup-Website. Hierdurch verknüpfte die Agentur geschickt das Ziel, die Bekanntheit des Events zu steigern, mit dem zentralen Anlaufpunkt des Turniers.

Kernelemente der Kampagne

Das „ElferDuell" simuliert auf der Website zum Mediacup ein Elfmeterschießen, bei dem die Spieler asynchron drei Schüsse abgeben und drei Torhüterparaden bestimmen können. Als jeweiliger Gegner des ElferDuells kann der Nutzer einen beliebigen Teilnehmer per E-Mail einladen. Dieser wird automatisch benachrichtigt und gelangt über einen Link in der E-Mail auf die Website www.Mediacup-Hannover.de.

```
Elfmeter!

Robert Berger hat Dich knapp hinter der Strafraumlinie brutal gefoult
und der Schiedsrichter zeigt sofort auf den Punkt. Jetzt schießt der
Gefoulte selbst, oder?

Überleg nicht lange und nimm die Herausforderung zum ElferDuell an.

Der Ball liegt am Elfmeterpunkt bereit unter http://www.Mediacup-
hannover.de/index.php?p=30&l=1&gamekey=65a39390090c44995a55f13d1540c
9b3&state=7

Viel Glück im ElferDuell! Man sieht sich am 19.06.2004 beim Madsack-
Mediacup.

Weitere Informationen zu diesem Event erhälst Du auf :
http://www.Mediacup-Hannover.de

Dein Mediacup-Team
```

Quelle: www.w3design.de

Abbildung 41: E-Mail-Herausforderung zum ElferDuell

Der Gegner kann nun seinerseits drei Schüsse abgeben und drei Torhüterparaden bestimmen. Anschließend sehen beide Teilnehmer den Ausgang des ElferDuells als Videoanimation (Torschuss mit Ergebnis „Tor" oder „Gehalten" als Kickertisch-Animation).

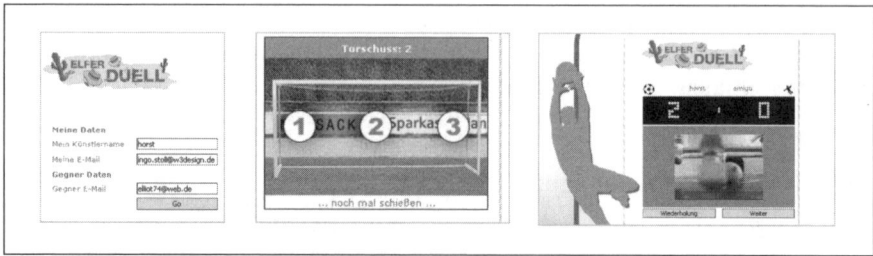

Quelle: www.w3design.de

Abbildung 42: Ein ElferDuell im Detail

Der Spieler, der zum ElferDuell eingeladen hat, bekommt ebenfalls per E-Mail die Information, dass die Herausforderung angenommen wurde und dass das Ergebnis auf der Website angesehen werden kann. Somit wird erneut zu einem Visit auf der Website motiviert.

Als besonderes Feature können beide Spieler, bevor sie ihre Schüsse und Torhüterparaden bestimmen, einen Text eingeben, der dem jeweils Unterlegenen nach dem Elfmeterschießen angezeigt wird.

Da das ElferDuell als Spiel sehr einfach gehalten ist und auf einem gelernten Prinzip basiert, konnte auf Anweisungen oder Erklärungen zum Spielkonzept komplett verzichtet werden. Dies vereinfachte den Spielprozess erheblich und baute aktiv Hürden für unerfahrene Online-Spieler ab.

Weiterempfehlungsanreize und Rahmenbedingungen

Die Kampagne zum Madsack Mediacup verzichtete bewusst auf Prämien oder Belohnungen als motivierendes Element für Weiterempfehlungen. Vielmehr integrierte w3design den Anreiz, andere Personen über den Mediacup zu „informieren", direkt in das Spielkonzept. So kann kaum jemand der spielerischen Herausforderung zu einem Duell widerstehen. Vor allem nicht, wenn diese Provokation von einem gutem Freund oder Bekannten ausgesprochen wurde.

Als besonders starkes Motivationselement fungierte zudem die Option, dem Unterlegenen im Falle eines Sieges einen zumeist schadenfrohen Kommentar anzeigen zu lassen. Gerade hier lag in Verbindung mit der von Beginn an integrierten Möglichkeit zum „Rückspiel" ein hoher Anreiz zur Spielwiederholung.

Im Rahmen der Langzeitmotivation wurden auf der Mediacup-Website regelmäßig die Top-Spieler veröffentlicht. Nur wer immer neue Geschäftspartner,

Freunde und Bekannte im Duell bezwang, hatte eine Chance, sein Ranking zu halten bzw. noch zu verbessern.

Kampagnenstart und -verlauf

Die zehnwöchige Kampagne startete am 3. Mai und endete am 11. Juli 2004. Damit lief die Kampagne sogar noch drei Wochen nach dem eigentlichen Turnier weiter. Ziel war es, indirekt Anreize zu schaffen, auch die dem Event anschließende Nachberichterstattung auf der Website zu verfolgen.

Um Spieler auf das ElferDuell aufmerksam zu machen, setzte w3design zum Kampagnenstart auf ein erweitertes Seeding (Streuen des Spiels). So wurden alle Kunden und Geschäftspartner der beteiligten Agenturen per E-Mail angeschrieben und auf das Adgame hingewiesen. Des Weiteren wurde das ElferDuell ebenfalls im Newsletter des Mediacup selbst beworben.

Um gleich auf der ersten Stufe den Verbreitungseffekt der Kampagne zu erhöhen, oblag es den beteiligten Agenturen zudem, weitere stimulierende Impulse zu setzen. In diesem Zusammenhang kam zielgruppenspezifische PR-Arbeit und gezieltes Foren-Marketing (beispielsweise über „Web-Tipp-Foren") zum Einsatz.

Erfolgsmessung

Die primäre Messung der Kampagnenergebnisse erfolgte über die Auswertung von Server-Logfiles. Hierüber ermittelte w3design vor allem klassische Erfolgsparameter wie Seitenabrufe oder Visits.

Des Weiteren erfolgte eine permanente Erfolgskontrolle durch einen „Counter", d.h. einen automatisch erstellten Tagesbericht, in dem die Anzahl der durchgeführten Spiele und die E-Mail-Adressen der Teilnehmer gelistet wurden. Eine Auswertung der TOP-Spieler wies zudem die aktivsten Multiplikatoren (Spieler) aus.

Erfolgsauswertung

Die Ergebnisse der Viral-Marketing-Kampagne zum Madsack Mediacup 2004 lassen sich wie folgt zusammenfassen:

- **Seitenabrufe** – Insgesamt erzielte die zentrale Plattform zum Turnier im Web 218 811 Page Impressions. Auf das ElferDuell entfielen dabei circa 67 Prozent der Seitenabrufe (146 604 PIs)
- **Visits und Visitors** – Während der Kampagnen zählten die Server von w3design 38 388 Besuche bei 6 329 Visitors.
- **Verweildauer** – Im Durchschnitt blieb ein Besucher knapp drei Minuten auf der Website.
- **Anzahl ElferDuelle** – 24 434 virtuelle Elfmeterschießen wurden durchgeführt. Dabei führte jeder Spieler im Schnitt 2,4 Duelle durch. Die aktivsten Multiplikatoren brachten es sogar teilweise auf über 40 Spiele pro Person.
- **Weiterempfehlungsrate** – 61,3 Prozent der Besucher forderten einen Geschäftspartner, Freund oder Bekannten zu einem Duell heraus.
- **Teilnehmer am Mediacup** – Am Fußballturnier zum Ende der Kampagne nahmen 20 Mannschaften mit mindestens zehn Spielern teil. Angefeuert wurden diese tagsüber von über 1 000 Zuschauern. Zur abendlichen „Player's Night" erschienen circa 450 Gäste.
- **Sponsoren** – Im Kampagnenzeitraum konnten die Veranstalter des Weiteren drei neue Sponsoren zur Unterstützung des Events gewinnen.

Weiterführende Literatur und Websites

- Website zum Mediacup: http://www.Mediacup-Hannover.de
- Die 1996 in Hannover gegründete Agentur w3design (www.w3design.de) beschäftigt 25 Mitarbeiter und erwirtschaftete 2004 einen Umsatz von rund 1,8 Millionen Euro. Kernkompetenz des Teams um Geschäftsführer Ingo Stoll ist die Konzeption und Realisierung von Internetprojekten für Kunden wie beispielsweise TUI, Bosch/Siemens oder die NORD/LB (Disziplinen: Marketing, Design und Programmierung).

8. Gerüchte säen und konstruktiv nutzen

In diesem Kapitel erhalten Sie Antworten auf folgende Fragen:

- Was sind Gerüchte, wie entstehen sie und wie beeinflussen sie den Geschäftserfolg?
- Wie kann man Gerüchte positiv für das eigene Unternehmen einsetzen?
- Welche Gerüchte lassen sich sinnvoll instrumentalisieren?
- Wie wehrt man Gerüchte gegen das eigene Unternehmen am effektivsten ab?

8.1 Was sind Gerüchte?

Menschen sind die mit Abstand miteilungsbedürftigsten Tiere. Wo Affen einander stundenlang kraulen oder kratzen, tratscht der Mensch über Gott und die Welt. Gehen ihm einmal die Geschichten aus, so erfindet er einfach ein paar neue oder dichtet zu vorhandenen Stories ein paar Details hinzu. So oder so ähnlich entstehen Gerüchte. Mittlerweile gibt es Hunderte solcher urbanen Legenden: Die CIA ließ John F. Kennedy ermorden, die Mondlandung gab es gar nicht, und das World Trade Center wurde den imperialen Träumen von George Bush geopfert. Das Außergewöhnlichste an wilden Verschwörungstheorien und Gerüchten ist jedoch ihre Persistenz. Sie sterben nur sehr langsam – wenn überhaupt.

Kurz vor Beginn des zweiten Irak-Krieges erlebte beispielsweise die „Brutkastengeschichte" eine Renaissance. Nicht massiv in den Medien, sondern im „Untergrund" – nur hier und da blühte das Gerücht erneut auf und infizierte ein paar Tausend Menschen. Hauptauslöser war die Ausstrahlung des Doku-Dramas „Live from Bagdad" im ZDF, das die Ereignisse, die schließlich zum ersten Irak-Krieg führten, aus Sicht zweier CNN-Reporter schildert. Der Film enthält auch Szenen zu vermeintlichen Vorfällen in einer Frauenklinik, die später als „Brutkastengeschichte" in die Geschichte der Medienlügen einging. Die Geschichte besagt, dass irakische Soldaten in einem Kuwaitischen Krankenhaus, Säuglinge aus Brutkästen nahmen, auf den Boden warfen und jämmerlich sterben ließen.

Ins Leben gerufen wurde das Gerücht durch die PR-Spezialisten bei Hill & Knowlton. Von der Organisation „Citizen for a Free Kuwait" beauftragt, entwarf die Agentur Ideen dazu, wie man die amerikanische Bevölkerung für einen Krieg gegen den Irak motivieren könne. Darunter auch die Story über die Vorfälle auf der Kinderstation. In Amerika und Europa wurde die Geschichte schnell Tagesgespräch und schließlich sogar Bestandteil der Reden von George Bush senior. Doch, was die meisten nicht wussten: Das Gerücht war falsch. Die angebliche Krankenschwester, die vor dem Menschenrechtsausschuss des US-Kongresses als Zeugin aussagte, war niemand anderes als die Tochter des kuwaitischen Botschafters in Washington.

Einige Menschen wussten das noch im Jahr 2003, aber leider nicht alle. Und so machte das Gerücht kurz vor Beginn des zweiten Irak-Krieges erneut die Runde. Wäre die Stimmung in Deutschland nicht so sehr gegen einen Krieg gewesen, hätte die Geschichte wohl ein reichweitenstarkes Revival gefeiert.

Gerüchte – ein zweischneidiges Schwert für Unternehmen

Nicht nur Ereignisse von Weltbedeutung sind Gegenstand von Atem beraubenden Anekdoten. Wilde Geschichten und urbane Legenden machen schon lange keinen Halt mehr vor Unternehmen. Was da nicht bereits alles per Mundpropaganda weiter getragen wurde:

- Procter & Gamble finanziere eine Satanssekte
- Torten von Coppenrath & Wiese enthielten Gift
- Warsteiner unterstütze Scientology
- Kentucky Fried Chicken serviere frittierte Ratten
- Belgische Cola sei giftig
- Im IKEA Spielparadies seien bereits mehrere Kinder betäubt und verschleppt worden
- und, und, und ...

Auch diese Geschichten sind kaum totzukriegen. Nach der Devise, wo Rauch aufsteigt, wird wohl auch Feuer sein, halten sich Gerüchte vehement in sozialen Netzwerken.

IKEA machten die Schatten der urbanen Legenden besonders schwer zu schaffen. Nachdem immer mehr Vermutungen und Behauptungen an den Konzern herangetragen wurden, im „Spielparadies" würden Kinder entführt, sah sich das

Management dazu gezwungen, eine Pressemitteilung diesbezüglich herauszugeben. IKEA beteuerte darin, dass das Verschwinden von Kindern nur ein Gerücht sei. Dennoch würden natürlich die Sicherheitsmaßnahmen höchstvorsorglich verstärkt.

Die Reaktion der Medien und der Konsumenten war natürlich alles andere als das, was IKEA erwartet hatte. Die gut gemeinte Aktion des Unternehmens lieferte dem Gerücht nur noch mehr Nährboden. Die Menschen fragten sich: Wenn alles nur ein Gerücht gewesen sei, warum reagiere dann IKEA überhaupt? Und wenn tatsächlich nichts dran sei am Verschwinden von Kindern, warum müssten dann die Sicherheitsvorkehrungen erhöht werden? Fragen, die die Erklärung wie ein Schuldeingeständnis aussehen ließen.

Auch Procter & Gamble kann ein „Lied" davon singen, was es heißt, ein Gerücht gegen sich zu haben. Vier Jahre kämpfte der Konzern einen vergeblichen Kleinkrieg gegen das Gerücht, mit dem Satan im Bunde zu sein: Sowohl in den Bartlocken des im Firmenlogo abgebildeten alten Mannes als auch in der Sternenformation, die er betrachte, sei die Zahl 666, also die Zahl des Satans zu erkennen. Durchschnittlich 15 000 Anrufe bekam das Unternehmen zu diesem Thema damals pro Monat. Im Jahr 1985 entschied sich der Konzern schließlich, das 100 Jahre alte Firmenemblem von allen Produkten zu streichen.

Doch das Gerücht stagnierte nur kurz. Mitte der 90er keimte es erneut auf. Diesmal sollte der CEO des Unternehmens, Phil Donahue, in einer Talkshow aufgetreten sein und öffentlich zugegeben haben, dass sein Unternehmen mit „teufelsnahen" Kirchen zusammenarbeite. Natürlich völliger Blödsinn, dennoch fand auch dieser Hoax (dt. Falschmeldung) einen guten Nährboden. Abermals hatte Procter & Gamble eine PR-Schlacht zu führen. Doch anders als beim ersten Mal schienen die Gerüchte diesmal gezielt gestreut worden zu sein. Und es gab auch einen Verdacht. Ein anderes Unternehmen könnte den Traditionskonzern in Verruf gebracht haben. Ein möglicher Schuldiger wurde mit Amway – einem Spezialisten für Multi-Level-Marketing – alsbald gefunden. Es folgten eine Anklage und ein Urteilsspruch, der jedoch bis ins Jahr 2003 auf sich warten ließ. Amway wurde in allen Anklagepunkten freigesprochen. Ob und wenn ja aus welchem Grund der Marketing-Dienstleister Gerüchte lanciert hatte, bleibt wohl für immer unbewiesen.

Positive Seiten von Gerüchten

Gerüchte sind nicht per se negativ. Sie können einer Firma auch ein besseres Image und sogar höhere Abverkäufe bescheren. Hiermit ist jetzt nicht gemeint, ein „vernichtendes" Gerücht über seinen Wettbewerber zu erfinden, was natürlich illegal ist, sondern faszinierende Geschichten in Umlauf zu bringen, die Menschen positiv motivieren.

Ein bekanntes Beispiel hierfür ist Altoids – Hersteller von Pfefferminzbonbons. Am 13. November 1997 flüsterte Monica Lewinsky dem damaligen US-Präsidenten Bill Clinton das „Gerücht" ins Ohr, dass Oralsex mit Altoids-Pfefferminz besonders prickele. Dazu klimperte die Praktikantin lustvoll mit zwei Bonbons zwischen ihren Zähnen.

Wer es nicht glaubt, kann die Geschichte im Bericht des Sonderermittlers Kenneth Starr nachlesen. Clinton lehnte jedoch damals das Angebot aus Zeitmangel ab: Der mexikanische Präsident wartete auf einem Staatsbankett.

Ob die kleinen Pfefferminzpillen das Lustgefühl tatsächlich steigern können, ist im Bericht von Starr also (leider) nicht belegt. Tatsache ist nur, dass die britische Firma seit der Clinton-Affäre in den USA 58 Prozent mehr Lutschpillen absetzt.

8.2   Gerüchte als Medium

Es gibt nur wenige Formen der Kommunikation, die so intensiv und nachhaltig wirken, wie Gerüchte. Dabei ist diese Kommunikationsform äußerst effizient. Das Problem ist nur: Man hat die urbanen Legenden nur selten unter Kontrolle. Sind sie negativ, können sie jedem Unternehmen schnell in die Quere kommen, vor allem, wenn an ihnen mehr dran ist, als man (wahr)haben will.

Das Altoids Beispiel zeigt jedoch, dass es inkorrekt wäre, Gerüchte nur als „falsche" Informationen zu definieren. Ob der SPD-Kanzler Schröder beispielsweise tatsächlich seine Haare färben ließ oder nicht, wird nie wirklich zu beweisen sein. Der größte Erfolgsfaktor von Gerüchten ist vielmehr, dass sie für die Kommunikationspartner zum Zeitpunkt des Weitererzählens ein Mysterium darstellen. Und dieses Mysterium beruht nicht etwa ausschließlich auf der Ungeheuerlichkeit der Geschichte, sondern darauf, dass ein konkreter Wahrheitsbeweis fehlt. Gerüchte leben quasi von dem Spannungsverhältnis zwischen Wahrheit und Lüge. Viele Menschen sagen:

- „Es kommt nicht von ungefähr, dass ..."
- „Es könnte doch sein, dass ..."
- „Wo Rauch ist, ist auch Feuer ..."
- „Es ist vielleicht doch etwas wahr an der Geschichte, wenn ..."

Nach Jean Noel Kapferer folgen Gerüchte einer „zwingenden Logik", deren „Mechanismen sich im Einzelnen analysieren lassen". Dieser Logik hat sich

Cyrill N. Parkinson, britischer Historiker und Publizist, mit dem gleichnamigen „Parkinson's Gesetz" angenommen. Es besagt, dass...

> *„wo immer in der Kommunikation ein Vakuum entsteht,*
> *Gift, Müll und Unrat hineingeworfen werden."*

Dies trifft den Nagel auf den Kopf. Natürlich darf man Gift, Müll und Unrat nicht zu wörtlich nehmen. Viel entscheidender für das Verständnis von Gerüchten ist, dass ihnen ein Kommunikationsvakuum zugrunde liegt.

Gerüchte sind...

- ... unbewiesene Informationen zu Themen, die die Menschen bewegen. Fehlt das Interesse an einem Gesprächsgegenstand, entsteht gar kein Gerücht.
- ... spekulative Antworten auf Fragen, die nicht offen, rasch und überzeugend beantwortet werden. Gibt es keine Unklarheiten, so kommt auch kein Gerücht auf.
- ... einfache Lösungen zu komplexen Problemen. Vielen Menschen fehlt es einfach an Zeit, um sich unabhängig und umfassend zu einem Themengebiet zu informieren. Gerüchte bieten im Gegensatz dazu leicht verständliche und unterhaltsame Kost.

Zusammenfassend kann also gesagt werden, dass Gerüchte in Situationen der Informationsunsicherheit entstehen und plausibel erscheinende Antworten auf Fragestellungen bieten, die die Menschen bewegen.

Wie man ein Gerücht kocht

Wichtig für den Unternehmensalltag ist die Frage: Gibt es Gerüchte, die man unter ethischen und moralischen Gesichtspunkten Gewinn bringend nutzen kann? Und wenn ja, welche Art von Gerüchten sind dies und wie lassen sie sich instrumentalisieren? Drei spezifische Vorgehensweisen haben sich in der Vergangenheit als effektiv erwiesen.

Wichtig!

Die nachfolgenden Strategien, Taktiken und Ideen bergen in sich erhebliche wirtschaftliche und marktpsychologische Risiken. Sie sollten nur mit außerordentlicher Vorsicht und nur unter Berücksichtigung der etwaigen negativen Folgen Anwendung im Marketing finden!

8.2.1 Verheerende Gerüchte über andere Unternehmen streuen

Hiermit ist nicht etwa gemeint, falsche Informationen über einen Wettbewerber zu verbreiten, um diesen in Verruf zu bringen. So ein Verhalten ist nicht nur unmoralisch, sondern kann durchaus auch juristische Folgen haben. Nein, mit „verheerenden Meldungen über andere Unternehmen" sind Informationen zu wahren Begebenheiten gemeint, die ein Konkurrent zu vertuschen versucht. So geht mancher Experte davon aus, dass hinter dem medienpräsenten Versagen der damals neuen A-Klasse beim „Elch-Test" eine Initiative des Volkswagenkonzerns stand. Von dem Eintritt der Daimler-Benz AG in den Hauptabsatzmarkt der „Golf-Klasse" wenig erbaut, habe der damalige Konzernchef Ferdinand Piëch von seinen Technikern den neuen Kleinwagen von Daimler angeblich auf Herz und Nieren testen lassen, bis ein Schwachpunkt entdeckt würde. Danach wurde die Nachricht nur noch geschickt Journalisten zugeflüstert. Ob dieses Szenario tatsächlich wahr ist, lässt sich natürlich nicht beweisen. Allein die Tatsache, dass jeder Konkurrent der Nobelmarke das Potenzial dazu gehabt hätte, die Schwachstelle der A-Klasse zu entdecken, zeigt aber schon, wie leicht sich Gerüchte zu fehlerhaften Leistungen lancieren lassen könnten. Es lohnt sich daher, die Produkte seiner Wettbewerber immer ganz genau im Auge zu behalten.

8.2.2 Bestehende Gerüchte auf die eigene Marke fokussieren

Authentische Gerüchte über das eigene Unternehmen oder die eigenen Produkte zu lancieren, ist sehr schwierig. Einfacher ist es da, interessante und faszinierende Geschichten, die bereits im Markt oder über eine bestimmte Produktkategorie bestehen, auf die eigene Marke zu fokussieren. Dass beispielsweise gerade Altoids Pfefferminzbonbons den Oralsex aufwerten und nicht etwa alle erfrischenden Lutschpastillen mit der gleichen Geschmacksrichtung wie Tic-Tac oder Fisherman's Friend, ist schon ein wenig verwunderlich. Sicherlich wurde das Gerücht zu einer wahren Epidemie, seit Monica Lewinsky ihr Angebot in Clintons Ohr flüsterte. Doch woher wusste die Praktikantin von diesem „Wundermittel"? Die Antwort hierauf findet man, wenn man ein paar Monate in der Zeit zurückgeht.

Die urbane Legende, dass Pfefferminzpastillen den Oralsex aufwerten sollen, existiert schon seit Jahrzehnten. Doch keine der Geschichten legt besonderen Wert auf einen spezifischen Markennamen. Erst Anfang 1997 tauchen die ersten Anzeichen des Altoids spezifischen Gerüchts auf. Und zwar – wie sollte es anders sein – im Internet. Eine E-Mail macht die Runde, in der ein Unbekannter über eine lustige Geschichte in seiner Abteilung berichtet. Kurze Zusammenfassung: Eine neue Kollegin sei in das Büro des Verfassers der E-Mail gekommen und habe auf dem Tisch eine Packung Altoids entdeckt. Kurz darauf habe sie zu lachen angefangen und dem Verdutzten erläutert, dass gerade diese Pfefferminzpastillen ihr den Ruf einer „Sexgöttin" eingebracht hätten. Daraufhin habe es sich in der gesamten Abteilung zu einer Art Geheimcode von Wissenden entwickelt, Altoids Pastillen auf dem Schreibtisch zu haben.

Beim Lesen der E-Mail kommt schnell der Verdacht auf, dass dies womöglich eine gezielt gestreute Nachricht ist. So ist die E-Mail quasi fixiert auf den Markennamen Altoids, der sich sechs Mal im Text findet. Noch auffälliger: Nur diesem Produkt wird der besondere Effekt beim Oralsex nachgesagt. Des Weiteren legt der Verfasser zum Ende seiner Mail großen Wert darauf, dass die Tatsache, Altoids zu besitzen und dies auch zu zeigen, nicht nur bei Frauen gut ankommt, sondern den Besitzer zum Mitglied eines „Geheimbundes" von Eingeweihten macht. Angesichts der hohen Rate von Singles in den heutigen Gesellschaften ein psychologisch hoch wirksames Detail. Zu guter Letzt wird von den fürsorglichen Schreibern auch erwähnt, was die Packung kostet, wie das Preis-Leistungsverhältnis ist und wo man die Pastillen beispielsweise kaufen kann. Insgesamt zu viele präzise Details für eine aus reiner Laune entstandene E-Mail.

Hier der gesamte Text der E-Mail:

```
Subject: Altoids in a whole new light

This is an absolutely true story-forward it around to friends who might
get a kick out of it.

Had the most interesting conversation with the top sales weasel at our
company today. She came into my office and noticed I had a box of
Altoids on my desk.

(Have you had them? They are these obnoxiously strong peppermints made
in England.) As soon as she saw them, she burst into laughter. Turns out
she had recently had an affair with a guy who called her and left her an
incredibly steamy voice mail message after an encounter. He went on and
on about what a blow job goddess she was, how amazing she was, how he'd
never be the same, etc. She was kind of puzzled, thinking: what did I do
to this guy that was so different from my regular technique?

She finally figured it out: she's a smoker, and before getting intimate
with him, she had gone to the bathroom to "freshen up." Not having a
toothbrush, she crunched on about four Altoids and then got busy.
Apparently things went amazingly.

So she passed this little tidbit on to another female sales weasel, who
immediately tried it out on *her* fiance. Apparently this guy has never,
ever been into oral sex, but liked the mint sensation so much that he
asked her to stop and chew another Altoid mid-blow job. He is now a
fellatio gourmand.

This news has been going around our office. Having a box of Altoids on
your desk is now like being part of the Secret Blowjob Goddess Society.
It's the equivalent of having the hottest car or coolest computer. News
spread like crazy among the females, who all went out at lunch to
Walgreens to buy a box of Altoids (about $2 for 100 or so), and their
partners across the city tonight are getting one hell of a corporate
blow job. As far as company-wide morale boosting events, it doesn't get
much better.

Some of the men found out, too -- they went out after work to buy them
for their wives. They strategized on how to get their wives to eat them.

And people wonder why I work in technology.

(For what it's worth -- it really does work! It leaves a lasting tingle
that is apparently quite exquisite.)
```

Quelle: www.about.com

Abbildung 43: E-Mail zum Altoids spezifischen Gerücht

Natürlich wird es auch im Fall Altoids wohl nie zu ergründen sein, wer die ursprüngliche Mail in Umlauf gebracht hat. Ihre Wirkung hat sie dennoch nicht verfehlt. Noch im Jahre 2005 – also sieben Jahre später – war die Altoids-Geschichte unter den Top 25 der am häufigsten aufgerufenen Gerüchte im Internet.

8.2.3 Gerüchte indirekt über vermeintlich illegales Vorgehen auslösen

Die einfachste Art und Weise, Gerüchte auszulösen, ist, sie über angeblich illegales Vorgehen selbst zu schüren. Nach Insider-Meinungen ist die Filmindustrie ein wahrer Meister dieser Kunst: Wann immer ein Filmprojekt abgesegnet sei, würden die Studios jede Domain, die irgendwie nach dem Film klinge, kaufen, um dort „gefälschte" Fan-Sites zu errichten. Diese initiierten Fan-Projekte würden dann mit angeblich geheimem Material versorgt, das aus vermeintlichen Insiderquellen vom Filmdreh stammen würde. Die Idee dahinter: Journalisten sehen Fan-Sites durch ihre Unabhängigkeit als gute Informationsquelle für Artikel an. Und je häufiger ein Film im Internet von unterschiedlichen Fan-Sites erwähnt wird, desto größer ist die Wahrscheinlichkeit, dass die traditionellen Medien damit beginnen, über den Film und die Fan-Projekte zu berichten – besonders, wenn einige der unkommerziellen Angebote auch noch angeblich „geheimes" Material veröffentlichen. So entsteht ein Hype.

Dass das Gerücht über die Filmindustrie stimmen könnte, zeigt die Fan-Website firstpeace.com. Diese wurde zum Start des Streifens „American Pie" angeblich von einem Fan ins Leben gerufen. Das Internetangebot wartete mit interessanten Filmausschnitten auf, die ein vermeintlicher Freund des Webmasters vom Dreh geschmuggelt hatte. Zur Provokation zeigte die Site sogar einen Counter, der die Tage zählte, die vergangen waren, ohne dass Universal die Website abgemahnt hatte. Aus Journalistensicht ein interessantes Rechercheobjekt. Die Website wies jedoch auch ein paar Merkwürdigkeiten auf. Alle Filmausschnitte trugen Kennnummern, die mit Sicherheit bei Universal mit ein paar Nachforschungen zur Quelle des Urhebers geführt hätten. Würde ein Fan diese nicht unkenntlich machen? Und würde ein Fan auf seiner Site einen Bereich einfügen, der wie bei einem laufenden Filmabspann die Verantwortlichen des Films wie Screenwriters, Produzenten etc. zeigt, um schließlich Marketing orientiert das Startdatum des Films einzublenden? Vermutlich nicht.

Natürlich rechtfertigen diese Vermutungen noch lange keine Anschuldigung an das verantwortliche Filmstudio. Dennoch ist die Strategie – wenn sie denn eine ist – durchaus effektiv. Doch die Bedenken der Journalisten über Fan-Sites werden immer größer. Mittlerweile gibt es Dutzende von privaten Internetangeboten, die in starkem Verdacht stehen, von Filmstudios erstellt worden zu sein.

Im Wissen um die schwindende Glaubwürdigkeit ihrer Fan-Sites sollen einige Studios deshalb noch einen Schritt weitergegangen sein. Sie veröffentlichten Pressemeldungen darüber, dass bestimmte Fan-Sites aufgrund ihres „illegalen" Vorgehens auf Schadenersatz verklagt würden. Der Effekt verfehlte seine Wirkung nicht. Umgehend berichteten die Medien über die entsprechenden Websites, die natürlich die Informationen nicht entfernten und in „offene" Konfrontation mit den Studios gingen.

Ein Blick in die Tagespresse lässt die Vermutung aufkommen, dass diese Taktik in vielen Unternehmensbereichen gang und gäbe sein könnte. Der Computer-Hersteller Apple schaffte es beispielsweise bis Mai 2005 nicht, ein „Leck" im eigenen Unternehmen zu stopfen. Immer wieder gelangten vermeintlich „geheime" Informationen zu neuen Apple Produkten an die Öffentlichkeit. Und bei nahezu jeder Veröffentlichung neuer „Geheimnisse" berichtete die Fachpresse darüber, wie ungehalten Apple über die Vorkommnisse war. Dass jeder dieser Berichte Tausende von Lesern fand und in der Regel auch die URLs zu den „geheimen" Infos im Web lieferte, lässt eine Ahnung aufkommen, wie Aufmerksamkeit erregend Gerüchte über vermeintlich illegales Tun sein können.

Auch Microsofts „Longhorn" kam durch ein Verbot Anfang 2005 zu einer Menge Schlagzeilen. Der Software-Hersteller hatte auf einer Entwicklerkonferenz erste Testversionen seines neuen Betriebssystems verteilt. Dabei hatte Microsoft anscheinend nicht berücksichtigt, dass viele der teilnehmenden Programmierer auch Weblogs betreiben. Ende April zeigten gleich drei Blogs Screenshots der neuen Benutzeroberfläche in ihren Online-Tagebüchern. Flugs kam die Forderung von Microsoft, die Bilder aufgrund offener Patentverfahren wieder zu entfernen. Natürlich ging dies nicht so schnell und einfach, wie es Microsoft wohl beabsichtigt hatte. Die Weblog Betreiber wehrten sich und informierten alsbald auch ihre Leser über die Verbote. Schnell bekam so auch die Presse Wind von der Angelegenheit und berichtete über die Vorgänge. Natürlich nannte fast jeder Artikel die Weblogs, die die Bilder gezeigt hatten, und Mittel und Wege, wie man die Screenshots immer noch betrachten könne. Wahrscheinlich wollte Microsoft die Verbreitung der Screenshots tatsächlich verhindern, die Folge war jedoch, dass das Unternehmen durch das Verbot nur noch mehr Aufmerksamkeit auf sich und die Bilder zog als ohne „Brandmarkung" der vermeintlich illegalen Veröffentlichung.

Die drei Beispiele zeigen, wie reichweitenstark das öffentliche Anprangern von angeblich illegalen Handlungen sein kann. Ob und inwieweit dieses Vorgehen gezielt von Unternehmen eingesetzt wird, ist natürlich nicht zu beweisen. Die vermeintliche Effektivität dieser Taktik zum Auslösen von Gerüchten ist jedoch unbestritten.

8.2.4 Rahmenbedingungen und Multiplikatoren

Versucht man erfolgreich, ein Gerücht zu lancieren oder eine urbane Legende auf sein Unternehmen zu fokussieren, müssen eine Reihe von Faktoren bedacht werden. Die Entstehung sozialer Epidemien ist in hohem Maße abhängig von den Rahmenbedingungen und davon, ob reichweitenstarke Multiplikatoren den Prozess unterstützen oder nicht.

Die Einhaltung der nachfolgenden Grundregeln kann den Erfolg von Gerüchten nachhaltig erhöhen:

- Nur interessante Geschichten haben das Potenzial, tatsächlich zu einem Gerücht zu avancieren. Besonders erfolgreich sind Tabus, über die nur hinter „vorgehaltener" Hand gesprochen wird.
- Geheimniskrämerei ist die Geheimwaffe der Gerüchtekommunikation. Urbane Legenden bauen auf den menschlichen Bedürfnissen nach Nähe und Übereinkunft auf. Durch das Teilen eines vermeintlichen Geheimnisses wird kurzzeitig eine Gemeinschaft der Wissenden geschaffen, die über die gemeinsam geteilten Gefühle gestärkt wird. Dadurch kann die Stärke des Verbreitungsprozesses noch intensiviert werden.
- Wichtig für den Erfolg eines Gerüchts ist, dass kein Herkunftsnachweis über den wahren Ursprung der Geschichte besteht. Der begründete Verdacht, dass eine urbane Legende womöglich gezielt von einem Unternehmen gestreut wurde, lässt den Verbreitungsprozess erlahmen. Kein Mensch lässt sich wissentlich vor die Zügel eines Unternehmens spannen.
- Jedem „künstlichen" Gerücht muss eine gründliche Risikoabschätzung vorausgehen. Eine Geschichte – wie etwa die über Altoids – kann einer Marke auch schaden, wenn beispielsweise bestimmte Käuferschichten sich nicht damit identifizieren können oder gerade deswegen sogar die Marke ablehnen.
- Urbane Legenden sind abhängig vom jeweiligen Nährboden. Gerüchte sind besonders erfolgreich, wenn sie auf in Gruppen, Organisationen oder Gesellschaften vorhandene Bedürfnisse, Hoffnungen, Erwartungen, Unsicherheiten, Misstrauen, Befürchtungen, Ängste und Bedrohungen treffen.
- Informationen lassen sich dank der modernen Computernetze in rasender Geschwindigkeit über das Internet übertragen. Das Web stellt daher im Rahmen der Gerüchtekommunikation in Zukunft immer ein zentrales Element dar.
- An faszinierenden Geschichten und Gerüchten ist auch die Presse immer interessiert. Wichtig ist dabei jedoch die themenspezifische Ansprache der passenden Journalisten und Fachpublikationen. Um keinen Bezug zum eige-

nen Unternehmen herzustellen, lohnt der Einsatz von professionellen Mitt-
lern wie etwa spezialisierten Agenturen.

8.3   Negative Gerüchte erfolgreich bekämpfen und abwehren

Hat man eine urbane Legende gegen sich, tut guter Rat Not. Denn in der Regel
treffen Gerüchte die Unternehmen vollkommen unvorbereitet. Es liegt in der
Natur der Sache, dass derjenige, um den es geht, als letzter von der Geschichte
erfährt. So erging es auch Coppenrath & Wiese. Der Tiefkühl-Konditor erfuhr
Anfang 2003 völlig unerwartet, dass eines seiner Produkte angeblich den Tod
eines elfjährigen Mädchens verursacht haben sollte. „Tod durch Torte?" titelte
beispielsweise die BILD. Fast eine gesamte Woche stand der Tortenbäcker am
Pranger: Das Sozialministerium Hessen warnte, die Presse „stürzte" sich regelrecht auf die Meldung im nachrichtenschwachen Januar und Coppenrath &
Wiese startete vorsichtshalber eine Rückrufaktion der betroffenen Charge.

Die PR-Abteilung des Unternehmens stand unter immensem Druck. Nur der
Hauch eines Verdachts, dass die Produkte von Coppenrath & Wiese die Gesund-
heit beeinträchtigen könnten, hätte verheerende Folgen für das Unternehmen
gehabt. Zum Glück war der Spuk nach ein paar Tagen vorbei. Keines der beauf-
tragten staatlichen Labore fand einen Hinweis darauf, dass der Tod des Mädchens in Verbindung mit dem Verzehr der Torte stand. In keiner Probe fanden
sich giftige oder krankheitserregende Stoffe. Mit dieser Erkenntnis war die Sache für die Medien erledigt. Doch leider nicht für Coppenrath & Wiese. Auch
wenn viele Zeitungen und Fernsehsendungen nach der Krise über die nicht
haltbaren Anschuldigungen berichteten, einen vergleichbaren Medienrummel
wie zu den Gerüchten vorher gab es natürlich nicht. Niemand wusste, was von
der Geschichte bei den Reiz überfluteten Konsumenten hängen bleiben würde.

Die Tatsache, dass zwei Jahre nach den Gerüchten fast niemand mehr über die
Vorfälle spricht, ist wohl zu einem Großteil der hervorragenden Krisenarbeit der
Agentur Engel & Zimmermann zu verdanken, die damals für den Konditor die
PR-Arbeit machte. Interessant ist, wie die Agentur in der Krise reagierte. Obwohl das Unternehmen tagelang in totaler Ungewissheit agieren musste, versuchten die PR-Strategen zwischen alle Schreckensmeldungen auch positive
Infos zu streuen. Da sich Coppenrath & Wiese gegenüber den Medien nicht
abschottete oder durch nichts sagende Sprachregelungen zu verstecken versuch-
te, kamen auch die Journalisten dem Tiefkühl-Spezialisten entgegen. Neben den

Anschuldigungen erwähnte fast jeder Artikel die hohe Sorgfalt bei der Torten-
produktion und kaum ein Fernsehbericht vergaß darauf hinzuweisen, dass die
Verdachtsmomente sehr dürftig seien. Sogar das hessische Sozialministerium
lobte „die beispielhafte Kooperation" mit dem Unternehmen.

Nach der Krise hielt die positive Anerkennung des Verhaltens von Coppenrath
& Wiese an. Als das hessische Gesundheitsamt „erste entlastende Ergebnisse"
präsentierte, titelte die Presse umgehend mit „Bisher keine Spur von Bakterien
in Gefriertorten" (Süddeutsche Zeitung, 14.01.2003) bis zu „Doch kein Gift in
Sahnetorte" (Hamburger Morgenpost online, 13.01.2003).

Es lohnt sich also, schnell und offen zu informieren und auch unangenehme
Dinge unverblümt anzusprechen. Dies ist die effektivste Strategie gegen Gerüchte. Denn nur ein entschiedenes und konsequentes Vorgehen gegen das Entstehen eines Informationsvakuums hilft bei der Bekämpfung von Gerüchten.
Dabei muss man sich aber immer vor Augen führen, dass selbst diese Strategie
manchmal nur bedingt hilft.

Die meisten Menschen wissen, dass eine offene Informationspolitik – wie sie
von Politikern häufig begrifflich verwendet wird – nur Ausdruck einer Strategie
ist, um andere zu beeinflussen. Es gibt keine endgültige Gewissheit. Selbst vermeintlich wissenschaftliche Beweise können durch andere Befunde widerlegt
werden. Das Gros unseres Wissens basiert auf Informationen, die wir nur irgendwie gehört, gelesen oder im Fernsehen gesehen haben. Mit der zunehmen-
den Reizüberflutung der Menschen nimmt somit auch die Bedeutung von Gerüchten zu. Je mehr Menschen Informationen selektieren müssen, nur teilweise
wahrnehmen oder komplett ignorieren, desto stärker wird der Einfluss von leicht
verständlichen Gerüchten.

Die einzige Möglichkeit gegen diese Entwicklung anzugehen, ist Aufrichtigkeit
von Anfang an. Nicht erst zu Beginn einer Krise, sondern von Beginn der Un-
ternehmertätigkeit an. Nur ein konsequenter und beständiger Umgang mit der
Wahrheit hilft gegen die erdrückende Macht von Gerüchten. Dass das Durchhal-
ten ein langer und steiniger Weg sein kann, zeigt das Beispiel Procter & Gamble
zu Beginn dieses Kapitels. Jahrelang kämpfte das Unternehmen gegen die Gerüchte an, im Logo befänden sich Hinweise auf den Teufel, bis es schließlich
„einknickte" und das traditionelle Markenzeichen entfernen ließ. Dies half zwar
kurzfristig, doch das Vorgehen öffnete weiteren Gerüchten Tür und Tor. Jeder,
der nun über die Verbindung von Procter & Gamble zu einer Satanssekte philo-
sophierte, konnte seinem Gesprächspartner auch noch gleich eine „echte" Begründung für seine Vermutung liefern: „Warum hätten die sonst das Logo gestrichen?".

Dass Dementis wie Schuldeingeständnisse wirken können, dessen ist sich auch die US-Weltraumorganisation NASA bewusst. Die Behörde lehnt seit Jahren jede Stellungnahme zu den Gerüchten über die angeblich nicht stattgefundenen Mondlandungen ab. Dabei könnte das Unternehmen mit Leichtigkeit ein Buch darüber verfassen, in dem alle Zweifel widerlegt würden. Doch dies, so sind sich die Verantwortlichen in der Behörde einig, würde dem „Blödsinn" nur eine gewisse Glaubwürdigkeit verleihen. So bestehen zwar die Zweifel weiter, werden aber – so die Hoffnung der NASA – nicht lange Bestand haben, da ihnen jegliche wissenschaftliche Grundlage fehlt.

Die effektivsten Waffen gegen Gerüchte sind also aufrichtiges und stringentes Handeln im Unternehmensalltag genauso wie in Krisensituationen. Wichtig dabei ist, nie den Kopf zu verlieren. Auch wenn der Druck groß wird, hilft ein verbissener Kampf gegen urbane Legenden nur bedingt. Denn wie sagte Carl Sommer so treffend: „Glaube kein Gerücht, bevor es nicht dementiert wurde".

Zusammenfassung

- Der Mensch tratscht von Natur aus gerne. Besonders gut gefallen ihm Geschichten, die er kaum glauben mag: Gerüchte über skandalöse, unerhörte oder schier unfassbare Vorgänge in seinem Unternehmen, seinem Bekanntenkreis oder in der Gesellschaft.

- Allgemeiner ausgedrückt, sind Gerüchte spekulative Geschichten oder urbane Legenden in der Gesellschaft, die von offiziellen Quellen noch nicht öffentlich bestätigt wurden oder von diesen dementiert werden.

- Urbane Legenden, wilde Geschichte und Gerüchte entstehen durch ein Informationsvakuum. Wann immer ein Freiraum für Spekulationen entsteht, weil wichtige Fragen ungeklärt bleiben, wird dieses Vakuum durch bis dato unbewiesene Informationen geschlossen.

- Gerüchte stellen eine effektive Kommunikationsform dar. Dabei bieten sich für Unternehmen vor allem drei Möglichkeiten, sie Gewinn bringend zu nutzen: Gerüchte über Wettbewerber zu streuen, bestehende Gerüchte auf das eigene Unternehmen zu fokussieren oder Gerüchte indirekt über das Anprangern von vermeintlich widerrechtlichem Vorgehen herbeizuführen.

- Gerüchte über seinen Wettbewerber zu streuen, ist nur auf eine einzige Art und Weise legal bzw. moralisch-ethisch vertretbar. Und zwar, wenn sich eindeutig beweisen lässt, dass ein Konkurrent wichtige Informationen zu seinem Unternehmen oder seinen Produkten, welche das Gemein- und/oder Kundenwohl beeinträchtigen, zu vertuschen versucht. Nur dann ist es erwägenswert, beispielsweise Informationen über diese Vorgänge in den Medien zu streuen.

- Eine andere Taktik ist es, zu versuchen, bestehende Gerüchte auf das eigene Unternehmen zu fokussieren. Dabei instrumentalisiert man ein positives Gerücht über beispielsweise eine Produktkategorie, indem man die Wirkung auf das eigene und nur das eigene Produkt überträgt. Dies klappt am sinnvollsten über die Möglichkeiten des Viral Marketing. Dabei ist das Kampagnengut die ursprüngliche urbane Legende, jedoch mit dem Unterschied, dass Kern des modifizierten Gerüchts die eigene Marke ist.

- Schließlich lassen sich Gerüchte auch über künstlich erzeugte Aufregungen auslösen. Hiermit ist beispielsweise das Anprangern von vermeintlich illegalem Verhalten gemeint. Beschwert sich ein großes Unternehmen öffentlich darüber, dass jemand unberechtigt angebliche Geheimnisse ausgeplaudert hat, so findet sich dieser Vorgang alsbald in den Medien bzw. zumindest in Weblogs wieder. Um welche Geheimnisse es sich handelt, warum sie für das Unternehmen so wichtig sind und aus welchen Gründen sie herausgeschmuggelt wurden, ist alsbald Thema diverser Gerüchte.

- Künstlich erzeugte Gerüchte bergen für Unternehmen große Gefahren. Wichtig ist daher eine vorausgehende gründliche Risikoabschätzung. Eine Geschichte – wie etwa die über die „Oralsexeigenschaften" von Altoids – kann einer Marke auch schaden, wenn beispielsweise bestimmte Käuferschichten sich nicht damit identifizieren können oder gerade deswegen sogar die Marke ablehnen.

Weiterführende Literatur und Websites

■ „Dem Schwachsinn eine Schneise – Wie Verschwörungstheoretiker große Ereignisse der Weltgeschichte umdeuten", 8.9.2003, Der Spiegel, www.spiegel.de

■ „Am Anfang stand die Lüge – ‚Live aus Bagdad' – Erneuerung der ‚Brutkasten-Lüge' im ZDF" von Elvi Claßen, 26.2.2003, Telepolis.de, www.heise.de/tp/r4/artikel/14/14271/1.html

■ „Schwätzer mit Maus – Fremdenhass, Rufmord, Verschwörungstheorie? Auf einer Konferenz über urbane Mythen beklagten Forscher die Verbreitung aggressiver Legenden durchs Internet", 26.7.2004, Der Spiegel, www.spiegel.de

■ „Trademark® of the Beast – Procter & Gamble and rumors of Satanism" von David Emery, 10.06.1998, Urban Legends and Folklore auf About.com, urbanlegends.about.com/library/weekly/aa061098.htm

■ „P&G Avows Satanism on Sally Jesse Raphael" von David Emery, 8.3.1999, Urban Legends and Folklore auf About.com
urbanlegends.about.com/library/blpg2.htm

■ „Amway wins a big round on satanism – Dismissal of firm from P&G lawsuit is upheld" von John Gallagher, 8.1.2003,
www.freep.com/money/business/amway8_20030108.htm

■ „Gerüchte – eine effiziente Form der Kommunikation" von Marcus Knill, Schaffhauser Nachrichten, 8.2.2003, S. 15

■ „Gerüchte – Das älteste Massenmedium der Welt" von Jean-Noel Kapferer, Berlin, 1996, ISBN: 337801007X

■ „A Brief History of the 'Fake Movie Website' Marketing Tactic", Movie Marketing Blog, 9.6.2004,
www.indiescene.net/archives/Online-Marketing/A-Brief-History-of-t.html

■ „Apple verklagt Plaudertaschen", heise.de, 18.12.2004,
www.heise.de/newsticker/meldung/54434

■ „ThinkSecret offenbart weiter Geheimnisse", 15.4.2005, intern.de,
www.intern.de/news/6641.html

■ Artikel über die Entfernung von Loghorn Screenshots
www.golem.de/0504/37765.html
www.nickles.de/c/n/4094.htm
www.heise.de/newsticker/meldung/59082

■ „Verdacht erhärtet sich nicht – Tiefkühltorte birgt kein Todesrisiko", Handelsblatt, 14.1.2003, S. 15

■ „So kocht man ein Gerücht" von Markus Brauck, brandeins, Mai 2003, S. 104-107

■ „Mondlandung in der Wüste von Nevada – die NASA und der ‚Moon Hoax'" von Anatol Johansen, Telepolis Special „Wie Forscher und Raumfahrer Aliens aufspüren wollen", Januar 2005, S. 28-29

Der Autor

Sascha Langner, Dipl. Ökonom, ist Experte für Internet-Marketing. Seine Arbeitsschwerpunkte liegen in den Bereichen Kundenorientierung, Guerilla Marketing und Konsumentenverhalten. Er ist Autor zweier Praxisleitfäden zum Thema Online-Marketing und schreibt für eine Vielzahl von angesehenen Online-Magazinen. Sein kostenloser Marketing-Newsletter informiert monatlich mehr als 5 500 Entscheider aus Marketing und Vertrieb über neue Online-Strategien und -Taktiken (www.marke-x.de).

Seit November 2004 ist Langner wissenschaftlicher Mitarbeiter des Lehrstuhls für Marketing & Management der Universität Hannover. Zuvor war er langjährig als Projektleiter und Unternehmensberater bei E-Business-Projekten tätig.

Kontakt

Sascha Langner
marke-X, das Internet Marketing Magazin
Kiefernweg 4
30926 Seelze (Hannover)
Telefon: 0511 / 401411
E-Mail: sascha.langner@marke-x.de

Kunden gewinnen und binden

Die Verkäufer-Basics von heute: Kreative Akquisitionswege für „mehr Umsatz".

Das Buch vermittelt moderne und kreative Akquisitionswege und liefert zahlreiche Tipps für die tägliche Umsetzung.

Ardeschyr Hagmaier
Heute akquirieren - sofort profitieren
Systematisch neue Kunden und Aufträge gewinnen
2005. Ca. 176 S. Br.
Ca. EUR 26,90
ISBN 3-409-14283-5

Praxiskurs Direktmarketing: aus Adressaten Kunden machen

Neue Ideen und kreative Impulse für alle, die ihre „Text-Arbeit" optimieren und aus Adressaten Kunden machen wollen – anschaulich, praxisnah und Schritt für Schritt leicht umsetzbar!
Neu in der 2. Auflage: Wie Sie Wortwelten (er)schaffen und so Ihr Produkt für den Film im Kopf des Lesers inszenieren.

Stefan Gottschling
Stark texten, mehr verkaufen
Kunden finden, Kunden binden mit Mailing, Web & Co.
2. Aufl. 2005. Ca. 208 S. Br.
Ca. EUR 26,90
ISBN 3-409-21935-8

Akquirieren mit Maß und Ziel – der viel genutzte Ratgeber jetzt in der 2. Auflage

„Erfolgreich akquirieren" – jetzt in der zweiten, erweiterten Auflage – zeigt, welche Instrumente und Methoden sich für die direkte Kundenansprache eignen und wie man den Kontakt mit Kunden am Telefon, per Brief und E-Mail oder im persönlichen Gespräch überzeugend gestaltet.

Alexander Verweyen
Erfolgreich akquirieren
Instrumente und Methoden der direkten Kundenansprache
2., akt. Aufl. 2005. 167 S. Br.
EUR 25,90
ISBN 3-409-29412-0

Änderungen vorbehalten. Stand: Juli 2005.
Erhältlich im Buchhandel oder beim Verlag.

Gabler Verlag · Abraham-Lincoln-Str. 46 · 65189 Wiesbaden · www.gabler.de

GABLER